日産大森ワークスの時代
いちメカニックが見た20年

日産大森ワークス
元メカニック
藤澤公男

グランプリ出版

日産のワークス活動について ——— 編集部より

　日本で近代自動車レースが始まったのは1963年（昭和38年）のこと、誕生間もない鈴鹿サーキットで「第1回日本グランプリ」が行なわれた。今から50年以上前だ。その後10年間、世界規模のオイルショックが1973年秋に発生して自動車レース活動が大幅縮小に追い込まれるまでの間、日本国内のモータースポーツは飛躍的な進展を見せた。

　日本国内の自動車生産においてトヨタと日産は3番手以下を大きく引き離しての双壁だったが、そのライバル関係はサーキットにおけるレースの世界でも変わらない。年に一度の大舞台である「日本グランプリ」の他にも、大小様々なイベントが全国各地で繰り広げられるようになっていく。そして、レースではトヨタよりもむしろ日産の方が大勝負に強かった。

　日産の花形マシンと言えば、R380、R381、R382といったレーシングスポーツカー群。トヨタの7（呼称：セブン。初期は3リッター、後に5リッター）や、海外からの挑戦者（ポルシェやローラや）との激闘は、急増する車好きやレースファンたちを大いに魅了した。

　国際ラリー車やR380シリーズは日産ワークスの中でも車両開発中心の追浜（オッパマ）主導で進められたが、R380は元々プリンス発祥のプロジェクトだった。日産がプリンスを吸収合併したのは1966年のこと。他方、レース専用の"カッコいい"スポーツカーと同様に、マイカーブーム到来時の60年代は、乗用車の性能ぶりが人々にとっては一層重大事だった。コロナかブルーバードか、カローラかサニーか、サーキットで速いのはどっちだ、自動車メーカーにとっては無視できない事態となってゆく。

　日産には、追浜とは別に、これら市販乗用車でのレース活動をメインとする大森（オオモリ）ワークスがあった。扱うマシンの種類あるいは開発費用の多少から、追浜が一軍、大森が二軍、と見られがちだが、大森の存在があってこそ日産車ユーザー拡大の礎が築かれていったことは間違いない。

　1973年のオイルショック後、日本国内では全メーカーがワークス活動を休止した。暴走族問題やサーキット廃止騒動など暗い10年余を経た後、景気回復もあって再度モータースポーツ熱が盛り上がってきた時、日産は新たにニスモ（ニッサン・モータースポーツ・インターナショナル）を立ち上げ、これを軸にワークス活動を再開し始める。かつての追浜と大森が合体した形で、その本拠地は大森に置かれた。1984年夏のことだ。かつての大森ワークスが、時を経てニスモとして生まれ変わり、世紀末には日産自動車自体がフランス・ルノーと資本提携したことでニスモ・ブランドが世界中のモータースポーツ界で活躍する今、2012年にニスモの本拠地は神奈川県鶴見に移され、新展開を迎えようとしている。

　大森ワークスが発足された1967年から、ニスモが立ち上がって間もなくの1987年までそこにメカニックとして在籍し、国内レース界の裏側をつぶさに見てきた著者の思い出話は、あまり語られる類のものではなかっただけになかなか興味深い。とかくメディア記事はレースレポートやレーシングカーの技術解説が中心になりがちで、人物の声としてはドライバー/エンジニアやレース監督の公式コメントが取り上げられる程度だと思う。本書では高度成長期の車好き青年たちと企業の生々しい関係性も見える。

　また、同じ日産ワークスでも大森と追浜との相違、プリンスとの関係、あるいはトヨタ陣営との対比、等々、読み手がそれぞれの視点から考察するのも面白い。本書は、今後1960～70年代の国内モータースポーツ界を多元的に振り返っていく際の貴重な一断面となることだろう。

目 次

第1章　ピットイン 7

　　国内モータースポーツ黎明期
　　運命の扉が開くとき
　　私の少年時代
　　初めての就職
　　決断、実行、それが私の持ち味
　　日産大森ワークス配属
　　大森分室の前身を辿ると

第2章　ピットアウト 43

　　日産大森ワークス10人のサムライ誕生
　　ニッサン・レーシング・スクールあれこれ
　　岡田板金製、手造りエキマニに感動
　　大雨のレース、ノーマルタイヤで大勝負
　　ピットインしてヘッドガスケット交換
　　ストックカーレースが再開される
　　あの星野一義選手がやってきた
　　歳森康師選手、ハプニング事件
　　レース場にてエンジン盗難事件勃発
　　森西栄一選手と生死を分けた事故
　　結婚式前日、愛車盗難
　　桑島正美選手との出会い
　　新潟県・間瀬サーキット開幕
　　北海道・白老サーキット開幕
　　ピットマン事故死・レース引き上げ
　　それは鈴木誠一選手のサニー初優勝から始まった
　　日産大森ワークス黄金時代到来
　　黒沢元治選手メカニック担当で優勝を飾る
　　鈴鹿第1コーナー、アウトから抜き去る国光サニーに感動
　　日産大森・新社屋建設のため三田に移転
　　チェリークーペ1200X1-R、星野一義選手の活躍

　　　　富士ツーリストトロフィー、残り10周で落胆
　　　　大森分室新社屋完成
　　　　サニーTSエンジン担当時の逸話
　　　　大森ワークスが手掛けたエンジンの数々
　　　　毎週日本のどこかでレースが行われている
　　　　大森ワークス、TSレースから撤退
　　　　新設FJ1300レース秘話

第3章　チェッカードフラッグ …………………………………… 135

　　　　第1回サービス出向で横浜日産・小田原(営)へ
　　　　後楽園球場・天然芝をサニーTSカーで走る
　　　　オイルショック・レース休止・R380レストア時代
　　　　R200オプションデフ組み込み、ミッション組み立て
　　　　パルサーエクサFF・ミッドシップに改造
　　　　萩原光選手のシルビア・スーパーシルエット
　　　　近藤真彦氏・マーチ・スーパーシルエットを製作
　　　　国産グループCカー「LM03C」のコカコーラZ
　　　　「マーチカップ」マーチ・ワンメイク車両製作
　　　　NISMOへ出向
　　　　鈴木亜久里選手のF3エンジン担当
　　　　JAF鈴鹿GP・リタイア裏話
　　　　片山右京選手・F3初参加のエンジン担当
　　　　F3マカオGPの思い出
　　　　神岡政夫選手のフェアレディZ・ラリー車担当
　　　　ニスモ最後の仕事・CA型F3エンジン開発
　　　　オーテックジャパンへ移籍・VEJ30耐久試験担当
　　　　高度な専門的、技術的な話
　　　　パドック裏話・あんな話こんな話
　　　　レーシングメカニックになるためには
　　　　42歳独立・会社設立・新たなる旅立ち

あとがき ………………………………………………………………… 204

日産大森ワークス車両の1967〜73年全戦績
　および筆者が関わった車両の主要戦績 ………………………… 207

　　　　　　［写真提供］日産自動車、富士スピードウェイ、藤澤公男

サニー1200クーペ。1972年9月17日《全日本鈴鹿自動車レース》

第1章　ピットイン

国内モータースポーツ黎明期

　1954年（昭和29年）当時、日本の自動車産業はまだ夜明け前だった。
　一般庶民にとって自動車は高嶺の花の存在に過ぎず、オートバイやスクーターが主力の時代。冷蔵庫、テレビ、洗濯機が「三種の神器」と呼ばれ、急速に広まり日常の生活も日増しに近代化に突き進む。それから10年後、1960年代半ばになると高度成長期を迎え、カラーテレビ、クーラー、カーの「3C」時代に移りかわってゆく。1955年（昭和30年）早くも《第1回浅間高原レース》（モトクロス＝オートバイを使用し、未舗装の周回路でタイムを競う競技）が開始され、日本のモーターサイクル発展に大きく貢献することでモトクロス好きが自然とあつまる。
　中でも城北ライダースは、鈴木誠一（後に東名自動車設立）・松内弘之・久保和夫・久保靖夫（後にスピードショップKUBO設立）・久保寿夫・矢島金次郎・都平健二・黒沢元治・長谷見昌弘・神谷章平（メカニック）・土屋春雄（3年間東名自動車で難しいチューニングノウハウを修得した後に土屋エンジニアリング設立）・森下勲・その他など、当時を席巻したメンバーが在籍した。当時、「久保三兄弟」といえば有名だった。
　こんな時代に、本田宗一郎氏は、世界の最高峰レースと言われたイギリス《マン島TTレース》に挑戦する、と、ホンダ社内に宣言する。
　この《マン島TTレース》は1907年から公道を閉鎖してオートバイにより開催されている。1911年より一周60.7kmのマウンテンコースとなり、安全地帯（セーフティゾーン）など一切なく、コースのすぐ脇に民家の石壁などが迫る一般道路を超高速（近年では最高速度320km/h、2014年の最速平均速度212.913km/h）で疾走する世界一危険なレースである。
　2013年5月27日には予選走行中に日本の松下ヨシナリ選手が通称バタフライといわれる場所で事故死した。彼の死亡事故は1911年開催から実に240人目、日本人として3人目となる。日本なら一人が亡くなっても警察が事故調査に入り大変な事

案に至る。欧米諸国と日本の自動車及びレース文化の大きな違いを窺い知ることができよう。

　本田社長の宣言から4年後、1958年に新発売されたスーパーカブ50ccが大ヒット作となる。手始めに、他の海外レースに参戦し経験を積み重ね、不屈の精神で開発に務め、1959年（昭和34年）6月3日《マン島TTレース》に、念願かなって初挑戦を果たす。

　DOHC4バルブ・2気筒・RC142型、2バルブRC141型に、日本人4人と、在日米国人、ビル・ハント（RC141）の布陣で、ライトウエイト・クラス125ccに果敢に挑んだ。

　このレースで谷口尚己選手（RC142）6位入賞、田中禎助選手（RC141）7位、鈴木義一選手（RC142）8位、鈴木淳三選手（RC142）11位。ビル・ハント選手は惜しくも転倒し、リタイアに終わる。初参加にしては、まずまずの戦績をあげ、チーム・メーカー賞の栄誉を受けた。

　目標はただひとつ、頂点である「優勝」しか頭になかった本田宗一郎氏。問題点に次々と対策を施し、戦闘力を高めていった2年後の1961年（昭和36年）5月14日。世界GP第2戦《西ドイツ・グランプリ》（ホッケンハイム）から、GP250ccクラスに、4気筒レーサーRC162を投入。その情熱が実を結び、高橋国光選手が世界GPで日本人初優勝を見事に飾る。この《マン島TT》を知れば知るほど、高橋国光選手の偉大さが浮かび上がってくる。

　その1ヵ月後の6月12日、第4戦《マン島TT》125cc、250cc、ふたつのクラスでホンダは1〜5位を独占するという快挙を成しとげた。日の丸とともに、世界に日本の急成長した姿を驚きとともに焼き付けた。海外でホンダの知名度が他メーカーよりも高いのも、モータースポーツ好きな国民性と、この快挙や、その後のF1などの活躍による影響が大きく貢献している。

　この時のチーム監督が、1973年〜83年ホンダ技研工業・二代目社長を務めた河島喜好氏（享年83歳）であった。そんな高橋国光選手も1962年の世界GP第3戦《マン島TT》決勝レースをスタートして間もなく激しく転倒し、意識不明の重体に陥り一時は生死の境をさまよった。

　日本の国民性として、事故は極悪と捉えられ、現在でもモータースポーツと暴走族が同一視されるなど、モータースポーツはいまだにマイナー扱いされている。厳格なレギュレーション「レース規則書」にそって車は製作・改造され、レース運営されるので、海外ではレース／ラリーは身近なスポーツとして一般に楽しまれるという大きな歴史風土と文化の違いがある。この大きな違いは現在もあまり変化していない。テレビを付ければグルメ番組に頻繁に触れることは多くても、自動車に関

する情報番組となると、見る機会は極端に少なくなる。これだけ自動車があふれ男女の区別なく自動車が日常に溶け込んでいる時代なのに事故の報道ばかりが目立つ。

それでも、この時の快挙は世のバイク好き（まだ車好きの時代は到来していない）達を狂喜させ、戦後復興しつつある人々の心にも、日本人としての自信や誇りを復活させた。

同じ年、私（藤澤公男）が神奈川県足柄上郡・湘光中学校を卒業し自動車製造会社に入社した年と重なる。

翌年、1962年（昭和37年）、スズキも《マン島TT》に初参加を果たしている。

今も昔も、共通の目的を持った人と人の出会いや助け合いの絆は強い。レースに参戦していたメンバー達も自然と顔見知りとなっていった。

高度成長を迎えた1962年11月、国際基準を有する本格的な鈴鹿サーキットが完成し、4輪レースを開催する条件が整い、各メーカーのクラブも続々と誕生していった。

1963年5月3日〜4日の2日間、日本でも、ようやく自動車を使用した4輪自動車レース《第1回日本グランプリ》が、鈴鹿サーキットにおいて開催された。

国産車を中心としたツーリングカーレースが6クラス。輸入車を中心としたスポーツカーレースが3クラス。海外の招待選手による国際スポーツカーレースが2レース。参加者は合計148人と大盛況。「この時を、待っていました」と、ナンバープレートを装着した愛車を運転し参加したアマチュアも多かった。

この頃は、まだ東名高速道路は開通していない。国道を長時間運転して到着した城北ライダースのメンバー達もその中にいた。

サーキットを高速度で走行する経験が不足していたため、多くの車にトラブルが多発。日暮れが近づく中、日産フェアレディで参加した田原源一郎選手、野中和朗氏（後の大森ワークス初代課長）、三好氏（日産自動車直納部）、佐々木氏のメンバー達もボンネットを開けて修理に励んでいると「そんなところで、大変だろう」と、声をかけてきた人がいた。

「お前たちが良ければ、我々で修理してあげるから工場に持って来い。ただし、秘密の部分が明らかになってしまっても構わないならば」「エッ!?」。メンバーたちは一瞬、顔を見合わせたあとで「…お願いします」。

声をかけてきた人は、河島喜好氏であった。当時の河島氏はホンダ研究所の職員という立場にあったが、他社の人々が難儀しているのを見過ごせない立派な人柄が伝わってくるエピソードである。

このことが縁となり、後日、河島氏がスズキの鈴木修氏（スズキ自動車会長）に話を持ち込んだことがきっかけとなり、城北ライダースの鈴木誠一選手達はスズキと契約したと言われている。
　ある時、河島喜好氏に日産自動車の難波靖治氏から「面会したい」と依頼が飛び込んできた。
　（どんな要件？…心あたりは一切なかった）。逢ってみると、陽焼けし、いかにも意思の強そうな闘志あふれる顔、格闘家のような頑強な身体つきの若者だった。
　「4輪のドライバーが必要なので、お宅で契約している選手を日産に貸してくれないか？」と思いがけない言葉を口にした。
　（ライバルのメーカーに単身で乗り込んできて…度胸のある奴だ）
　男が男に惚れる瞬間がある。軍師官兵衛の昔の逸話ではないけれど、お互いの人物が大きければ心通じる。人物が小さければ（何で、そんな話を持ち込んでくるのだ!）と、怒って追い返すことになるが…。
　「解った…田中健二郎を貸そう」。ふたつ返事で引き受けた。
　田中健二郎選手は、1950年代からオートレースで活躍。1960年ホンダ・ワークスライダーとして、世界GPにデビュー、初出場の《ドイツGP》（ゾリチュード）で日本人初の表彰台（3位入賞）を遂げていた。
　まだホンダ在籍中の、1964年（昭和39年）《第2回日本グランプリ》にブルーバードで出場し、見事クラス優勝を飾るが、裏にこんな逸話が隠されていたと知る人は限られていた。
　1958年8月24日に行われた《第1回全日本モーターサイクル・クラブマンレース》に18歳で参加した高橋国光選手の走りを見ていた田中健二郎選手は、その才能を感じ取り、ホンダに推薦。ホンダのレース総監督であった河島喜好氏の了承を経て、ホンダ・スピード・クラブ（HSC）入りを果たしている。高橋国光選手が2輪を離れ4輪に転向し、日産ワークスドライバーとして契約するのは、翌年の1965年のことである。
　私が社会人となった同じ年、61年10月、ダットサン・フェアレディ1500/SP310型・直列4気筒G型エンジン・71馬力/5000回転・搭載の、スポーツタイプ・オープンカーが85万円で新発売される。まさに自動車好きにとって待望のスポーツカーの市販であった。
　1963年5月、鈴鹿サーキットで《第1回日本グランプリ》が開催されることが決まると、田原源一郎氏がレースに参加すべくこのフェアレディ（SP310）を購入し、日産自動車に援助してほしいと訪れた。

すると、対応した社員が「結果が悪いとイメージダウンにつながるので出場しないでほしい」と、思いがけない言葉を返してきた。
「君は何を言っているのだ。俺はレースに出るために車を買ったのだ！…俺はレースに出るよ」「……」
　こんな押し問答の結果、まだ平社員の野中和朗氏（後に日産大森ワークス初代課長）に、田原氏の対応は丸投げされた。これが後の日産大森ワークス誕生に深く関わってくることになる。もちろん、日産自動車の代表取締役であった川又克二社長が他の役員たちの否定的意見を抑え、レースを理解してくれたことで可能となったと聞く。
　レースとなれば社内的な部署は追浜の特殊車両部であり、その部署に関係なく宣伝部がレース活動をすること自体が「とんでもないことだ」と関係者から言われることは、ある意味ではあたりまえのことかもしれない。
　野中氏は、そこで設計に相談を持ちかける。入社して二年間、ポート研磨・ポート形状を追求していた佐々木氏に巡り合う。新発売されたフェアレディ（SP310型）純正仕様は、SUシングルキャブ仕様（4気筒に吸入口がひとつしかない）であった。タイミングよく、SUツインキャブ仕様（2気筒にひとつの吸入口・合計2ヵ所）を搭載した輸出仕様が開発段階にあった。このエンジンを6月頃までに1000台製造し、ホモロゲーション（公認レースに出場する車両に課せられる厳格な規定に「承認」されなければ正式参加と認められない）を取得する準備を急いで進めることになる。
　直納部の三好氏も参加し、ロールバー装着、内張りを剥がしての軽量化などレーシングカーに向けた改造が行われた。当時はチューニングに関する情報も少なく、手探りで試行錯誤しながらの作業であった。やがて完全なオープンカー・レース仕様のフェアレディ競技車両が完成した。
　国道を利用し、田原氏、野中氏、三好氏、佐々木氏の4人で鈴鹿サーキットに勇んで向かう。当時は、ナンバーを付けてレーシングカーも一般道を走れた古き良き時代だったので、道中で完成度がある程度把握できた。鈴鹿サーキットに到着、初めて目にする本格的レーシングコースを目の前にして気分は最高潮に達した。ワクワク、ドキドキして、テスト走行に臨む。「レッドゾーンまで回してシフトアップ」「高回転を使えば勝てる」というサーキット走行で重要なポイントを早くもつかんでいた。
　こうしたいきさつで迎えた5月3〜4日、まだ完成して間もない鈴鹿サーキットに、20万人の大観衆が押し寄せる。外国車勢絶対有利の前評判の中、国内スポーツカーBⅡクラス（1300〜2500cc）にダットサン・フェアレディ1500（SP310型）はエントリー

GTレースのスタート。1968年5月3日《日本グランプリ》

した。競争相手は欧州のトライアンフTR4、MGB、フィアットなどの強豪たちだ。予選3位で、決勝レースはピット側ポジションが与えられる。1コーナーのイン側をゲットするために最適なポジションと言えた。いざ、決勝レース。スタートから猛ダッシュ、1コーナーまでにトップに立ち、大方の予想を裏切り、ぶっちぎりでチェッカードフラッグを受ける。あまりの速さにレース終了後、プリンスの生沢徹氏などからクレームがついた。

クレームは正当なルールで、申し出が受理されると、エンジン内部（排気量など）が、違反していないか、シリンダーヘッドを分解して測定される。まだ、当時は誰でもエンジンを分解できるとは限らなかった。そこで日産自動車の難波靖治氏が分解を引き受けることになる。

分解の結果、排気量拡大など、何の違反も見つからず、正式結果として優勝が確定した。自動車レースの場合、ゴルフ競技と同様に、チェッカードフラッグを受けた時点は、あくまで暫定結果であり、再車検をパスして、初めて正式結果として認められることになる。

レース中に、3分14秒4のベストラップをマーク。自動車先進国のスポーツカーを国産スポーツカーが初めて打ち砕く活躍に、観衆も沸き返った。これをきっかけとして国産スポーツカーが一躍脚光を浴び販売台数を一気に伸ばしてゆく。

（注・この項目は、歴史を調査し、当時を知る関係者に取材し構築していますが一部推測して執筆しています）

人の人生は、ふとした出会いで大きく変わる。培った信頼、人脈がいかに大切であるかが、数々のエピソードから窺い知れる。

その後の、数々の出来事も、城北ライダースから派生した人と人とのつながりが複雑に交差し、歴史を作ってゆくことになる。

運命の扉が開くとき

運命や歴史は自分の意思や思いで行動を起こすことによって変わる場合と、自分の意思に関係なく第三者の都合や思惑など、対外的要因によって変えられてしまうケースがある。

私の、小さい頃の夢は、漫画家か画家だった。元々、人よりも手先が器用だったので自然の成り行き。芸術家で生計を立てるのは、貧乏農家の4男坊にとっては夢のまた夢物語。それに手塚治虫氏の漫画を夢中で読んでいて、「凄い！絶対越えられない」と自分で自分の才能を見限った。

1946年2月生まれの私にとって、時代もまだ日本が高度成長時代を迎える夜明け前。産まれ育った所も、当時、片田舎の神奈川県足柄上郡金田村の農村地帯。日本全体や世界から隔離された狭い地域での生活であった。現在は東名高速道路が開通し、産まれ育った家から車で5分と近いところに大井松田インターチェンジが出来たため、大きく変貌を遂げている。

　1963年9月。17歳になった私は、小田原市の斉藤自動車工場（現在は廃業）という中規模（社員15名ほど）の整備工場の整備士として忙しい毎日を過ごしていた。

　18歳になるのを待ちかねて普通運転免許を取得。給与が25000円ほどに昇給。1961年2月に新発売された新車価格、29万5000円のマツダB360トラック（強制空冷V型2気筒・OHV、排気量356cc）の中古車を、生まれて初めて3万円で購入。

　値段が値段だから本調子でなく、あまり力はなかったが、念願の愛車を手に入れ気持ちは舞い上がった。気持ちの高鳴りに合わせ、自分でピンクと薄いブルーのツートンカラーに全塗装で仕上げた。

　そんな整備士生活も3年の歳月が流れ（21歳）、仕事にも慣れた頃、毎日が車検整備や自動車整備に追われ、賞与も出るか出ないか解らない待遇など、将来に向けた生活設計に迷いが出ていた。

　小田原の神奈川日産に部品を取りに行くと、テレビから《第3回日本グランプリ》富士スピードウェイ（1966年5月3日）がテレビ中継されていた。

　前座の市販車レース（TSクラス・特殊ツーリングカー1000〜2000cc混走レース）20周がちょうど始まったところだった。

　画面ではプリンス・スカイライン2000GT（S54B）対いすゞベレット1600GT（PR90）対日産ブルーバード1600SSS（DR411）とのデッドヒートが展開されていた。30度バンクが使用された一周6kmコースで行われていた。

　予選はスカイライン/古平勝選手（プリンス社員）が、2分21秒31でポールポジション。直線では圧倒的にスカイライン2000GTが速いのに、コーナーが近づくとブルーバードが抜きにかかる。毎周回その繰り返しであった。

　結果はスカイライン2000GTを操る須田裕弘選手（プリンス社員）が優勝を飾り、総合2位（クラス優勝）・浅岡重輝選手/ベレット1600GT、総合3位・田中健二郎選手（追浜）/ブルーバードDR411。長谷見昌弘選手/ブルーバードは予選5位・決勝は7周でリタイア。同じくブルーバード・都平健二選手・予選7位で決勝3周リタイアという結果で終わっている。

　後に、直線でスカイライン2000GTが速い理由が解った。その理由は、スカイライン2000GTはその名が示すようにグロリア・OHC6気筒・2000ccエンジン（G7型

6気筒）を搭載、対するブルーバードDR411型は、何と1600ccエンジン（R型）搭載で、エンジン出力の差は歴然。クラスの異なる車が混走していた。

メインのGPレースは、プリンスは日産との合併が決まっていたため、プリンスR380として最後のレースとなった。優勝・砂子義一選手/R380、2位・大石秀夫選手/R380、3位・細谷四方洋選手/トヨタ2000GT、4位・横山達選手/R380という結果。

この観戦時点では、ドライバーの名前さえ知らなかったように、自動車レースは遠い世界の話でほとんど無縁だった。たまたまテレビ放送を見て少し興味が湧いてきて見ていたに過ぎなかった。

このテレビを見ていた自分が、まさか数ヵ月後に、出場していたブルーバード411型チューニング総本山である日産自動車大森ワークスに身を投じ、鈴木誠一、黒沢元治、都平健二、長谷見昌弘選手の参戦する車を私自身がチューニングしたり担当することになるとは夢にも思っていなかった。さらに、ずっと後になってから須田裕弘選手のストックカーの全塗装を行ったり、古平勝氏とゴルフを楽しむ機会が訪れる。だから世の中はおもしろい。

それまで遠い異国の世界で自分には一切の縁が無い世界に飛び込むきっかけは何の前兆もなく訪れた。

自動車整備工場のすぐ前に何でも取り扱う雑貨店・柳下商店（現在は閉店）があり、先輩の頼みでタバコ、パンや牛乳を買いにゆくなど頻繁に訪れていた。柳下商店は両親と子供が手伝っていて、女6人、男2人の8人兄弟、その中の四女（当時高校生で私と近い年齢）に恋心を抱き何かと足を運んでいた。

そんなある日（1967年・昭和42年6月頃）、お兄さん（長男）の高校時代の同級生である武藤美春（後年に結婚して早津姓に変わる）氏が兄さんから借りていた車（縦目の30型セドリック）を返しに来た。

早津美春氏は私の隣町である開成町に住み、高校時代は兄さんと同じ自動車部で仲が良く、当時は日産自動車・追浜工場まで家から遠距離通勤し、《サファリ・ラリー》に第1回から技術員（メカニック）として難波さんと共に参加していることは何度か聞かされていた。ちょうど斉藤自動車に入社した1963年に、日産自動車が初めて《サファリ・ラリー》に参戦したことを知っていたので、いつかは会ってサファリの話を聞きたいなと思っていた。

お兄さんから「早津さんを駅まで送って行ってくれないか？」と頼まれ、チャンス到来と二つ返事で承諾し、小田原駅まで送ることになった。

運転中に、思いきって初対面の早津氏（2015年2月9日逝去73歳）に、勇気を出してこう切り出した。「自分もメカニックとして挑戦してみたいので、メカニックと

して入ることができますか」。すると意外にも「今は人が欲しいので、入社したい気持ちを手紙に書いてくれないか。その手紙を上司に渡すから」と、予想外の答がすぐに返ってきた。「エッ！ほんとですか。解りました！」。この声掛けが、私のその後の一生を大きく変えるきっかけになったと知るのは、ずっとずっと後になり、振り返ってみて解った。

その上司の名は自動車専門誌などで幾度か目にして憧れと尊敬の思いで覚えていた。日産自動車株式会社・特殊車両部第一実験部長（当時は課長）・難波靖治氏（当時38歳・2013年11月27日逝去84歳）。後に、1984年、ニッサン・モータースポーツ・インターナショナル株式会社（NISMO）初代代表取締役社長となり、私の上司となる。小田原の町工場の整備士である私にとって、雲の上の存在であった。

自分の熱い情熱を文章にしたため、後日、早津美春氏に託した。その雑貨店の四女と結婚するのは日産自動車株式会社に入社3年後、24歳1ヵ月のことである。

私生活も仕事も、舵を大きく切ったことで、進路は大きく向きを変え始めた。後で詳しく触れるが、中学卒業後、平塚にある日産関連会社・日産車体株式会社に一度入社、退社して斉藤自動車に勤めていたので、「一度日産関連の会社を退社した人は、再び日産関連会社に入る時、難しくなる」と誰ともなく聞かされていた。そこは気楽に日産車体での成績を調べられれば不利になることはないという自信はあった。

石原裕次郎主演「栄光への5000キロ」が製作上映されたのは1969年と、この出来事の2年後のことである。早津美春氏は、1981年3月に山海堂より「ラリー車のチューニング・その発想と基礎知識」を執筆出版している。

手紙を出して4ヵ月ほど経ち「だめだったかな」と、期待があきらめに変わり始めた。夏休みが近づく中で「斉藤自動車を退社し、日本全国を気の向くままに1年間ほど自転車旅行でもしようかな」と計画準備に入っていた。会社が終わると真鶴半島や時には熱海まで往復して足を鍛えていた。

そんなある日、突然の連絡が入った。「採用になったので至急、横浜本社の人事部に来社されたし」。7月中旬に入った頃の一報である。

私の少年時代

　少し順序が逆になるが、私が湘光中学校を卒業、就職するまでの経歴について触れておこう。

　神奈川県足柄上郡金田村（現在は足上郡大井町）に1946年（昭和21年）2月16日に生まれる。当時は足柄平野の田園風景が小田原郊外まで続き、蛍が飛び交い、人馬で耕作するのどかな田舎町だった。

　私は貧乏百姓の7人兄弟の4男坊だが、すでに長男は5歳で亡くなっていたため、男3人女3人の実質6兄弟。私が中学3年生になった頃、長女は頭が良く横浜国大に入っていたが、長男はまじめに働かないダメ男、2歳上の兄は私とは正反対な堅物な性格の高校生。妹2人は中学生とだいぶ離れた小学生という家庭環境。6人全員が就学中で家計は火の車だった。

　サラリーマンの子供は、お母さん手作りの卵焼き、ソーセージなど、見た目の綺麗な弁当を持参した。自分は農作業に追われる母のため、自分で作るしかなかった。おかずが無い時は、白いご飯の上に、カツオ節と海苔一枚を乗せて持って行った。味は意外とおいしかったが、恥ずかしかったので隠しながら食べた。

　稲作をメインにキャベツ、スイカ、麦（裏作）、醤油や味噌も当時はすべて自家製。牛（後に馬）で耕作し、ヤギや鶏も飼育する当時の典型的な農家であった。小学3年生頃に父が500坪の水田を梨畑に変え、収入増大をはかる。

　休日は一家の働き手として馬車馬のごとく働かねばならなかった。小学校高学年の頃は昔ながらの、すべての作業は人馬に頼る耕作だった。農閑期は麦踏み、キャベツの収穫だけで比較的休めたが、田植えの準備から田植えが終了するまでの農繁期には、家事手伝いの目的で小中学校が休みになる地域性と時代であった。

　秋には小学校授業の一環として、全員でイナゴ取りが行われた。布袋に竹筒を取り付け、捕まえたイナゴを竹筒の穴から入れる。集まったイナゴは学校が業者に販売し、その売上金で図書館の図書購入費に充てた。イナゴは何にするのか？　貴重なタンパク源として佃煮として販売される。

　春になると青く澄んだ青空高く、ひばりがさえずる。子供の頃の遊びは、それをじっと見つめていると、やがてひばりは「さ〜っ」と音もなく黄色くなった麦畑に舞い降りる。

　10分ほど、じっと我慢したら、麦畑の畝と畝の間を駆け足で走ると、慌ててひばりが「バタバタッ」と飛び立つ。飛び立ったあたりに近づくと、麦の根元にひばりの巣が造られていて雛が数匹育っていたりする。ひばりは用心深く、巣の近くに

は舞い降りない。巣から離れた場所に舞い降りて、麦の畦の中を歩いて巣に戻る習性を持つ。そんな習性も誰かに教わったわけではないけれど、自然と理解していた。現在は禁止されているが、隣家のおじさんは鳥かごでひばりやメジロを飼育して楽しんでいた時代である。

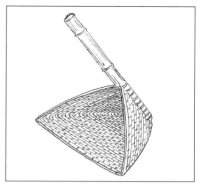

魚取り道具の「ビッテ」

その他の、子供の遊びと言えば「魚取り」。一年中、綺麗な湧き水が流れる農業用水路が流れていて、その小川にはあらゆる生き物が豊富に住んでいた。ナマズ、八目ウナギ、川エビ（2種類）、フナ、ドジョウ（2種類）、アメリカザリガニ、オイカワ、ウグイ、ウナギ、鮎と多種多様。大きな酒匂川も近く、鮎、ウグイ、オイカワがたくさんいた。泳ぎ方で魚の種類が解った。

「ビッテ」と呼ばれていた三角形をした竹で作られた道具を川の岸側に押し付ける。足で勢いよく「バシャ、バシャ」と川岸の草を踏みつけ「ビッテ」を持ち上げる。中に小魚、エビ、時には思わぬ獲物（大きなフナ、ナマズ、八目ウナギ）が入っている。

思わずイモリを手で掴んでしまって真っ赤なおなかが子供心に怖かった。大きくなってから、イモリは噛むこともなく綺麗な水にしか住めない愛らしい生き物と知る。この川も今は湧水が枯れてしまい、当時の面影は跡形もなく消え失せてしまった。

この頃の農家は飯を炊くのに「かまど」でマキ（薪・材木を35cmほどに切断し、太い木は斧で割った物）を燃やし、風呂を沸かすのにもマキ（薪）を使った。マキを「かまど」に追加し、火の番人をするのは子供の仕事であった。

味噌や醤油、梅干しを始め、ヤギの乳しぼりと、ほとんどを自給自足、鶏を飼っていて卵を産まなくなった親鳥は釜茹でされ食卓にのぼった。親父が料理するのを手伝いながら、子供心に衝撃を受けた。

親父がマキを取るために近くのマキ山を買った。山に育っているクヌギなどの落葉樹の伐採権を購入し、自分たちで木を切り倒し、山から運びだして家に持ち帰る。大きな丸ノコで全長35cmほどに切り揃え、太い丸太は斧で割り、束ねて積み重ね乾燥させ煮炊きに使うマキを作る。

そんなマキ山の帰り道、自転車に乗った親父が前を走り、自転車に乗った私は2

〜3mの距離を開けて帰路についた。当時の道はほとんどが砂利道で、道路の輪立ちのお蔭で、自転車が走る路肩は砂利が山もりとなっていてとても走りにくい。前方の左コーナーを勢いよく飛び出してきた乗用車のリアが砂利に足元をすくわれ、横に流れると同時にフロントが瞬時に親父の方に向きを変え一直線に親父にいどみかかる。「アッ」と言う間の出来事だったが、今でもスローモーションのように脳裏に浮かんでくる。

「危ない!」私は心の中で叫び声をあげた。慌てた乗用車は親父を避けるため左いっぱいハンドルを切った。今度はリアが右に振り出され乗用車はスピンし、リアが振り子のように親父を叩き潰して視界から消え去った。

「グワシャ!」。鈍い音と同時に一瞬で親父と自転車が目の前で道路にくずれおちた。とっさに自転車を飛び降り親父に駆け寄る。「親父、大丈夫か!」。大声で声を掛けた。

親父は、とっさのことで声も出せず、激痛をこらえ無言のまま、右手を左手でおさえたままうずくまる。携帯電話など無い時代、近くに人家もない…（どうする…）すると、幸いにも1台の車が通りかかったので必死に両手を振って車を停める。「病院まで乗せていってくれませんか…」。すぐに事情を呑み込み運んでくれた。

一段落して、撥ねた自動車を探してみると、乗用車は道路脇にある1m以上低い田んぼに落ちて、反対方向を向いて着地していた。フロントのウインドガラスは割れずにウエザーストリップ（ゴム枠）ごと外れて遠くに飛んで落ちていた。

後を追って病院に行くと、診察結果は大事には至らず、右手人差し指や中指の打撲で入院することになるが、指は生涯曲がったままで、その後の農作業に難儀していた。

体力的に恵まれていなかった私は、収穫の楽しみはあるが収入も少ない農業に魅力を感じず、性格的にも農家には向かないと考えていた。真夏の草取り作業で、カメムシの臭い匂いを嗅ぐと気持ち悪くなった。

農家の唯一の利点は3食の白い飯、おやつのサツマイモに事欠くことなく腹一杯食べられたが、学生服やカバンなど2歳上の兄貴のお下がり（古着を兄弟に再利用すること）は当たり前だから、苦しい家計は毎日の生活で身に染みて実感していた。中学3年になったある日のこと、「中学を卒業したら、どうするのか」と、夕食が終わった後で親父が問いかけてきた。

今のネット時代と違って片田舎の農家ではラジオが唯一の外部世界との接点であり、日本も世界情勢も深く知る環境ではなく「サラリーマンとはなんぞや」と、漠然と想像するしかないほど無知だった。

それでも、「俺、会社に入って働くよ」と、即座に答えると親父の頬が思わずニヤリと緩んだのを私は見逃さなかった。おそらく兄弟6人全員が学生では家計が成り立たなくなると悩んでいたのだと思う。

私は「一を知って十を知れ」というレーシングメカニックの素養（洞察力）は生まれながらに持っていたと自分で思うことがある。

その頃の流行歌で「ああ上野駅」の歌詞にあるように、中学を卒業したら、経済的に豊かでない家庭の子供は高度成長時代を支える人材としてもてはやされ、地方から都会に働きに上京するのが当たり前の時代であり、同級生の半分近くが就職を選択していた。中国の農民工が都会に出稼ぎにゆくのと同じように。

会社に就職するのは嫌いではないが、勉強も好きではない。でも、中学校だけの学力では将来が不安と、心のどこかで教育の必要性を感じていた。そこで候補に選んだ会社は、日本鋼管株式会社（川崎＝家から遠い）、富士フイルム株式会社（すぐ近くの南足柄市）、日国工業株式会社（平塚市＝電車通勤約一時間半）の3社。選んだ条件は3年間、社内で職業訓練校と同じような教育をしてくれて給料も支給される「事業内職業訓練生」の制度がある会社で、条件としては自宅通勤可能な会社。実は日産自動車にも事業内職業訓練生制度はあったのだが、世間を知らない片田舎の15歳の私にとって、実家を出て一人で寮に入り、仕事をするまでの勇気はなかった。

1961年（昭和36年）当時の大卒給与15700円、高卒（公務員）給与8300円、物価は、銭湯＝17円、ラーメン＝50円、牛乳＝15円、喫茶店のコーヒー＝60円、映画館封切＝200円、ビール＝125円。

流行歌は「銀座の恋の物語」「北上夜曲」「君恋し」「上を向いて歩こう」「今日は赤ちゃん」「硝子のジョニー」「スーダラ節」「北帰行」「湖愁」「東京ドドンパ娘」「川は流れる」などという時代背景であった。

その時代背景で、事業内職業訓練生の給与は、富士フイルム株式会社が8000円と一番高く、次が日本鋼管株式会社7000円、日国工業株式会社（後に日産車体と改名）は6000円だった。この金額は当時の日本の産業の力関係が如実に反映されている。自動車産業が高度成長時代の波に乗り発展を遂げて行くのは、丁度、私が働き出したこの昭和36年頃を境に始まる。

先生に呼ばれ職員室に行くと、「富士フイルムの書類選考で、一度〇印が付けられた上から×印が付けられている。なぜなのか理由が書かれていないが…調べてみますか？」と問われた。

即座に×印の理由は（悪さばかりしている兄貴のせいだ）とピンと来た。「…解り

ました。調べなくてもいいですよ」。

　当時は思想的な部分や肉親に何らかの問題がある場合、地元企業だけに近くに社員も多いため入社の際の障害になると噂されていた。そんな中で二男がきちんと働かないで遊んで悪さをしていたので、そこが問題となり書類審査ではねられたとすぐに事情が呑み込めた。

　そこで書類選考を通った残り2社の工場見学に行くことに決める。

　最初に川崎にある日本鋼管の工場見学に行った。鼻を突く異臭、どんより曇った汚れた空と空気に唖然とした。丁度、高度成長を遂げ空気の汚れた2015年頃の中国・北京の環境と思えば間違いあるまい。「田舎育ちの俺にはとても無理だ」と、心の中で即座に拒否していた。

　オレンジ色に熱せられた大きな鉄の塊が凄い勢いで急流のように流れて行く様を今も忘れることはできない。

　私の家系のどこかに芸術家肌の血統が流れているのだが、動くメカニズムにも凄く興味があった。農家で脱穀などに使用していた発動機は、単気筒水冷式でフライホイールはむき出し。そこに取り付けられた取手を持って始動する。冷却水を入れる所は小さな溜まりになっていて、湯気となって蒸発し減ってゆく。フロート式の棒の先に丸い球が付いていて冷却水の湯面が下がってきたらヤカンで水を補水する。子供（小学校低学年）ながら、好奇心旺盛な私は、どうして動くのか、メカニズムや動作原理に興味が湧いていた。この発動機が文明メカニズムとの最初の出会いといえた。この発動機をモーターに変えるために、秋葉原の電気街に親父と2人で上京したのは中学1年生の頃のことである。田舎町から上京した2人は秋葉原駅で道に迷ってウロウロした。

　中学3年生（1961年）の頃の田舎町に乗用車などほとんど走っていなかった。砂利道を小田原行きのバスが一日数本と、たまにトラックが走る時代であった。

　ある時、妹が帰宅するため松田駅から小田原行きのバスに乗っていたら、道路に出てきた豚によってバスは停車させられる。何と、その豚は我が家で飼育していた豚が逃げ出したと事情が解り、家族一同で大笑いした。まだまだのどかな時代だった。

　親父が交通事故にあったのは、丁度私が中学を卒業し、自動車を製造する日国工業（後の日産車体工業）に就職が決まっていた春休みのタイミングで起きたものだった。「自動車を製造する会社に就職してもいいのかな？」という、迷いがしばらく脳裏から離れなかった。

初めての就職

　そんなのどかな1961年4月1日、15歳の私は平塚市にある新日国工業株式会社（その後、1962年に日産車体工機株式会社と名称変更、1971年に日産車体株式会社と改称）に、めでたく入社できた。

　日産自動車株式会社協力工場で、当時の主な生産車種は、ダットサン・キャブオール（C140型）、キャブライト（A120型）、ピックアップ、ブルーバード・バン（310型）など、日産の商業車やトラックをメインに生産していた。まだ生産台数が少なかったオープンスポーツカー・フェアレディ（SP310型）は私が入社した2年後の1963年9月から生産が開始された。

　前年度の先輩訓練生が15名と少数だったのに対し、日本が高度成長時代を迎えたために、私を含め採用者は51名と大倍増していた。工場に入社した中学卒女性は6名であった。

　入社してすぐに、「長髪の人は髪を切るように」という指導員からの厳しい規則に納得できなかった長髪の一人が早々に退社していった。

　私も含め当時の中学生の大半が丸坊主の時代だったため、髪を長く伸ばしていた人は8人くらいと少数であった。入社した翌日から軍隊と変わらない厳しい訓練が開始された。実習を教える教官は栗原指導員一人だけというシンプルな体制であったが、工場の奥に広い実習場が用意され、作業台に大きな万力（物体を強力に固定する器具）が備えられている前に全員が並ぶ。作業台に万力が取り付けられたものが3列にズラリと並ぶため見るからに壮観であった。

　朝の作業前に「ひとつ！我々は、新日国工業株式会社・職業訓練生として…」「ひとつ！我々は常に工夫改善に心がけ…」。前に掲げられた5項目ほどの標語を大声で唱えることから一日が始まる。

　朝8時から定時の午後4時15分まで、昼休み一時間と3時の休憩15分をのぞいてハツリ作業（タガネとハンマーだけで鉄の材料を切断する作業の名称）を教官の吹く笛の音に合わせ、ひたすら行う。

　万力に、太さ15mm、長さ10cmほどの鉄の丸棒をくわえ、平タガネの刃先をあてる。左手で平タガネをしっかりつかみ、右手で重い片手ハンマー（重さ約900gほど）を力いっぱい振りおろす。この作業を栗原教官が吹く笛の音に合わせて一日中行う。

　定時が16時15分と意外と早く終了したが、製造ラインは1時間残業するのが普通だったため、それに合わせ、17時15分に終業。この頃は日曜日のみ休日の週休1日制。入社してそれほど経たない内に、土曜日を半ドンにするために、定時は次第

に延長され休日分として振り分けられる。経済成長に合わせ生産が間に合わず、就業時間は次第に変化を遂げて行く激動の時代であった。

　3時の休憩の最大の楽しみは無料で支給される牛乳1本で、疲れた体に嬉しい心使いであった（日産自動車でも同じことが行われていた）。そんな休憩も15分で終わり、再び片手ハンマーを手に取り、教官が笛を「ピーッ」と吹く。全員が笛の音に合わせ片手ハンマーをいっせいに振りあげる。左手に平タガネを握りしめ刃先を丸棒にあてておく。次に吹かれる笛の音が吹かれるまで振りあげた片手ハンマーを自分の意思で振りおろすことはできない。ブルブルと重さに耐えかねて右腕が震えてくるが、根性で我慢を強いられる。「ピーッ」と次の笛が鳴る。全員が笛の音に合わせ一斉に片手ハンマーをふりおろす。「ガシャ、ガツン、ガシャーン」。こらえにこらえて振りおろされた片手ハンマーはタガネの頭をかすめ、したたかに左手の親指、人差し指の付け根あたりをヒット。痛くても中止できない。下手をすると打撲、出血に至る。同じ個所を再び叩くと飛び跳ねるほどの激痛が襲い、蒼黒く内部充血して腫れてくる。そんなことにお構いなしに・・・「タガネの刃先を見ろ！」と教官の情け容赦ない声が響く。誰も私語など交わせない緊迫した空気が辺りを支配している。

　ある日、誰かが打撲した所に赤チンを塗ってきた。それを見つけた栗原教官、「何で赤チンなど塗ってくるのだ」と怒った。

　今だったら問題だらけだが、私にとっては心身共に鍛えられた、この体験がその後の人生に生かされてゆくのを実感できつつあった。どんな困難にも負けないで立ち向かう精神力も育まれた。厳しい訓練の目的は、事業内職業訓練生の3年間が終了すると、当然ながら工場各所に配属され、自動車製造ラインの幹部候補（日産では係長、組長と呼ばれる）を育成することを目的としている教育であった。

　このハツリ作業に耐えられなくて2名が退社。なぜなら、いつからいつまでと入社前も作業が開始されてからも一切期限が知らされていないため、永遠に続くのかと思ったほどだ。期限があればその日に向けて人は頑張れるものだ。「先輩たちは、どのくらいで終わったの」と聞いても笑って答えてくれない。

　毎日毎日、ただひたすらハンマーを振り上げ振りおろす単純な作業が延々と繰り返された。救われたのはハツリ作業の実習は一週間の内に5日だけで、1日だけ座学で材料力学、自動車整備、機械、板金、塗装などの専門知識を学ぶ教育が行われ、その日だけホッと息抜きができた。

　1ヵ月が過ぎ、2ヵ月が過ぎる頃には、人は次第に現状を受け入れる。しだいに愚痴や弱音を吐くことも少なくなってゆき、3ヵ月が過ぎた頃に、ようやく終わりを告

げられた。

　「ホッ」と一息付く間もなく、次は万力に丸棒を加え、大型平ヤスリの先端を左手で持ち、右手でグリップを握り、笛の「ピーッ」という合図で前に押し出し削り手前に戻る。再び「ピーッ」と鳴ると押し出して削る「ヤスリかけ作業」を朝から終業のチャイムが鳴るまで、ただひたすら行う。日本のヤスリや鉄ノコは前方に押し出す際に削ったり切ったりする。木工用の鋸は手前に引く時に切る。

　左手掌の中央でヤスリ先端を受け止めるため、皮膚が破れて血が滲んでくるが、ハツリ作業よりは断然楽しい。このヤスリ作業は1週間で終わり、初めて丸棒と一緒に図面を手渡される。最初の図面は鉄の丸棒から四角形の角材を削り出し、2回目の図面は六角形をしたセンターポンチを製作した。ただ削るのではなく正確な仕上げ寸法が書かれていた。思わず心の中で「ニッコリ」微笑み「俺の出番が来た」と思った。力は人に劣ってもテクニック（手先の器用さ）では負けない自信があった。それからは楽しく充実した毎日が待っていた。厚い材料からスパナを作ったり、アルミ板を叩いて灰皿製作（絞り作業）、アセチレン溶接、電気溶接、キサゲ作業（定盤の面精度を高める作業）など技能員として必要な基礎技能を初歩から学んでゆく。毎日会社に行くのが楽しく充実していた。

　1年生の時は、このような基本的技術の習得が主体で行われた。

　50人の訓練生を一人の教官ですべて面倒見るには限界も感じられた。ある時、7人ずつが一組となり教官の合図で自衛隊のように一列に並び、教官の合図で「前に進め」「停まれ」「回れ、右」の訓練が行われた。

　事業内職業訓練生の実習場は広大な敷地の一番奥の方にあり、工場敷地にはフェンスが設けられている。その実習工場の裏手の三角形をした広場で行われた。

　「回れ、右」。合図に合わせ右足を後ろに引き、引いた足を軸にしてクルリと体を回転させるのだが、それが出来なくて両足をバタバタと動かす人がいて、それを見つめている私や他の連中は思わず笑いをこらえる。「前に進め!」教官が声を掛けた。その時に生徒が教官に駆けつけ「栗原教官、電話が来ました」。教官は慌てて工場の電話に出るため、教室に向かい姿が消えた。そのやり取りを聞き取れたか否か解らないが、7人は停まれの合図がないので全員が前に進み、背丈まで伸びた雑草の陰に見えなくなった。その先は窪みがありフェンスとなっている。電話が終わって栗原教官が表れた時、わらわらとフェンスに近い雑草の陰から一人一人が表れた。これには普段厳しい栗原教官の顔にも思わず笑いが浮かんでいた。

　入社から4ヵ月が経過した頃、現在の中国の高度成長と同じように、急激な自動車ブームが日本に到来したため、実習教育の名目で1週間の内、2日間はラインに投

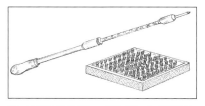
オートマチック・スクリュードライバーと、ビスの箱

入されることになり、3日間が実習、1日だけ学科（座学）となる。

　中学を卒業したばかりの丸坊主の私は、喜び勇んでラインに赴いた。病欠などで欠勤したため穴が開いた部署の作業を補佐するので、その日にラインに行ってみて、初めて担当作業を指示される。現代の自動化された製造ラインとかけ離れた人力に頼る時代。中学卒業で同時期に入社した女性がライン横のサブラインで働いていた。

　深さ2cm×20cm×30cm四方の木枠で出来た箱の底に粘土が薄く敷き詰められていて、そこにボルトを並べ、スプリングワッシャ、平ワッシャを一個一個手作業で並べてゆく作業を担当したりしていた。ラインの作業者は、その箱を持って車にゆき、部品を取り付ける。ボルトを締め付ける工具も電動ではなく、長い軸に螺旋状の溝が彫られていて、押すと軸が回転して締め付ける特殊工具が全盛であった。現代でも当時より小型のタイプがオートマチック・スクリュードライバーという名称で販売されている。慣れた手つきで「シュ、シュ、シュ」と押して締め付ける。フロントガラス装着も現代ではロボットマシンがサッと運んで接着剤で張り付けて終了だが、当時は2人で息を合わせて行う共同作業。まず、サブラインでガラスにゴムを嵌め込み、ゴムの溝に太いタコ糸を周囲に一周するように木の棒で押し込んだものが準備してある。

　車両が台車に乗って指定場所に来ると、一人が準備されたフロントガラスを持って車両の嵌め込む位置にポンと合わせて押しつける。車両室内側に一人が待っていて、サブラインで押し込んだ太いタコ糸の両端を引っ張ってゆく。外部の一人は息をあわせガラスを軽く押し付け最後まで入ると、ポンポンと全周を叩き、数分間でフロントガラス装着が完了する。リズミカルで無駄の無い動きに思わず見とれる。次から次に流れてくる車両に繰り返し同じ作業を一日中くりかえすのだから重労働であった。同じライン作業でも、分担する作業内容の違いによって労働者の負担は大きな開きがあるのは仕方あるまい。

　当時生産されていた、ダットサン・ライトバンやピックアップ、ブルーバードなどにはサイドにメッキされた長い金属製モールが装着されていた。最初の仕事は艤装ラインでこのサイドモールの取り付けだった。モールも今の樹脂製と違って金属製で取り付け金具も同じく金属製でナットで締め付ける方式。長い物だと全長が2m近くあり、少し乱暴に扱うと新車のボディ塗装に傷を付けてしまう恐れがあった。

こんな物作りは大好きなので私の性格に合っていた。

　その日に休んだ人の代役として作業したため、ラインにゆくまで、どんな仕事が待ち受けているか解らない。同じ仕事をするよりも日替わりで新しい仕事ができることの方がワクワクした。規定の作業時間に終わらないとラインは待ったなしで動くので次の作業者に迷惑が掛ってしまうことになるため、短時間で正確な作業が要求される。問題が発生した場合は、ラインの組長が飛んできて事態の解決に奮闘する。

　実習生1年目の終わりに、自動車整備、溶接、板金、塗装、機械の五項目について、実技と学科試験が行われ、本人の希望と合わせて2年目の主要科目が決定される。自動車整備が一番人気で、当然のように私も希望し、希望通り自動車整備科に決定した。2年目のライン実習は科目に合わせて行われた。塗装科に決まった人は塗装ライン。車体科に決まった人は車体製造ラインといった具合だ。

　科目に沿って分かれて行われるため、塗装ライン、機械ラインだけは経験しなかったが、艤装ライン、雨洩れテスト、ファイナルライン（傷の補修、接着剤清掃、アライメント測定、調整、ハンドル切れ角調整他）、車体製造ラインでステップ取り付けなど、17歳にしては貴重な経験の数々を積むことが出来た。

　車体ラインで一度だけ焦ったアクシデントを体験した。それはキャブオールという中型トラックの運転席などに乗り込む際に足を乗せるステップ取り付け作業中に発生した。

　台車に乗った車両はライン中央にある大きなフックに引っ掛かり台車ごと動いてくる。ステップ取り付けは台車に近い低い位置にボルトで固定する作業であった。けっこう台車が邪魔になる作業姿勢を強いられ、曲がった膝が運悪く台車に挟まってしまった。台車は容赦なく一定の速さで動き、膝を締め付けてきた。「ストップ！ストップ！」。私が大声を挙げてラインは直ちに停止され、私は危うく難を逃れた。また、ファイナルラインでは、自動ラインではなく作業者各自が自動車を運転して少しずつ前に移動を行っていた。「ガシャ！」。移動する際に、前の車に衝突して凹ませる事件を目撃した。私も、まだ運転免許も持っていなかったが、ある時、ファイナルライン出口にて「サイド発進！」と、サイドブレーキをゆるめてアクセルを踏んだ瞬間に急発進、運悪く、ハンドルが大きく右に切られて停まっていたため、急激に右側に曲がって「ガガン！」と、ライトバンの側面を壁にぶつけて凹ます事故を起こしてしまった。運転講習など受けていなかった初心者なので、当然の結果と言えば結果であった。当時はおおらかな時代で、何もおとがめなしですんだ。同期入社の仲間も何人かぶつけている。

ライン実習（あくまで名目は実習）も楽しく実習工場での実技も、私の自分自身を高めたいという願いに合致し、生まれて初めて経験することばかりで有意義で充実した日々を過ごせていた。

　そこに大きく影を落としてきたのが、1週間に1日行われた座学であった。講師は工場の技術員（現場の作業員に指示する役目）が科目により代わる代わる教室に来て行われていた。新しい世界で厳しさや辛さよりも自分の技術が磨かれることに喜びを見出していたが、勉強を邪魔する仲間がいて、次第に裏切られる結果が続いた。まだ若かっただけに…（このままではだめだ）と決心した。父と母を前にして「俺、会社やめるよ…」とうち明けた。

　一度言い出したら聞かない私の性格を知っていた父は、大きな反対はしなかった。母もすぐには賛成しなかったが面と向かって言ってこない。一度心が決まればその後の行動は早い。

決断、実行、それが私の持ち味

　まず退社届を提出する前に次の仕事先を決めてからと考えた。当時は高度成長時代真っ盛りだったことと、まだ18歳という若さだったため就職で困ることは無かった。

　入社から2年4ヵ月後、夏休みを迎えた1週間前、有給休暇を取って一人小田原駅に降り立った。（さてどの方向に歩こうかな？）と、思案を巡らす。

　国道一号線（正月に箱根駅伝が行われる）に向かって歩き出し、目に留まった自動車修理工場を見て歩く。小田原の海岸に近い浜町まで来ると、一軒の日産協力店の看板を掲げる修理工場が目にとまった。間口は車2〜3台を並べて修理が出来るスペースがあり、奥は深く裏の道路まで続いている。修理工場としては大きな会社だ。数分間と短い時間だが少し観察してから（ここに当たってみよう）。つかつかと工場に入って行くと奥まった所に小さな事務所があり、人がいた。肩幅も広く顔も大きくかっぷくの良い体型で（社長かな？）とピンときた。

　「修理工になりたいのですが雇ってもらえますか？」と単刀直入に声を掛けた。少しだけ驚いた表情を浮かべ、「それで、今は何をしている？」「平塚にある日産車体の事業内職業訓練生をしています」「解った。いつから来られる？」。一瞬の間が空き、即答で採用の返事が返ってきた。「明日、会社に退社願いを出してきます」。私の返答を聴くと顔に少し赤みが増して微笑んだ後で、「待っているからな」。

　こんなやりとりで、あっけないほど、ほんの数分間で採用は決まった。給与や待

遇など細かなことは一切聞かないで決めてしまった。退社を決心するまでは色々と悩んだり思案したりしたが、自分の決心や決断、行動で状況を大きく変えることができると学んだ瞬間であった。

　翌日、会社に出社し恐る恐る「退社したいのですが…」と申し出た。「そうか…解った。今日すぐに返事は出来ないが、後で正式に返事をするので自宅で待て」「解りました」。人事担当者は、引きとめもせず、簡単に話は終わった。

　1963年8月31日、2年4ヵ月間で、多くのライン経験を積むことで自動車を深く知ることが出来たが、事業内職業訓練生を卒業することなく退社することになる。人事部の担当者は「自宅で待て」と言ったが、何もしないで待っていることなど出来ない性格。（早く自動車に触りたい、働きたい）という思いが強かったため、退社の希望を伝えた翌日から斉藤自動車工場（社員数15名ほど）に出社していた。正式な退社受理の通知は1ヵ月ほど過ぎてから郵便で届けられた。

　この会社は斉藤社長の弟が工場長。おもしろいことに、工場長はまるで他人のような顔と体格、斉藤社長は大きな幅広の顔、肩幅広く背は低く屈強な体格に対し、弟の工場長は私と同じやせ形で顔も細長く小顔でまるで似ていない。北海道から二人で出てきて築き上げた会社で、周囲でもそれなりに大きな修理工場に発展していたので、整備経験豊富な先輩が何人か在籍していた。小柄な吉田さんは、紺色のダットサン210型に乗っていて、仕事も出来るので憧れの存在。生産と修理では、まったく違う技術が要求される。1日も早く追いつきたいと働いた。ひとつひとつの修理経験がそのまま経験値として蓄積され、技術の上達が自分でも解った。

　日産の看板を掲げてはいるものの、あらゆるメーカーの修理・車検（ダンプカーや外車、トヨタ車、他）を行っていた。

　この頃の整備は分解修理と文字通り呼べる作業が主だった。ウォーターポンプから水洩れすれば、インナーパーツ（OHキット）を用意し、油圧プレスでバラバラに分解して内部のシールやベアリングを交換していた。商業車のフロントサスペンションはキングピン方式が多く、車検では、ここも分解し新品のピンと交換。車検はスチーム洗浄機で車体下部を洗浄するわけだが、当時は舗装路が少なく泥道走行でフェンダー内部に溜まった泥が、「ドドッン」と大量に落下してくる。

　新人の私は、分解整備の下準備であるスチーム洗浄、車検整備完了後の黒ニス吹付け塗装などを最初は分担する。どこの会社でも見習中の仕事は似たり寄ったりで、主に経験の浅い整備士はここから始まる。調理師見習の皿洗いと同じ理屈である。

　先輩の仕事を手伝い、仕事が終わると先輩の工具を綺麗に洗浄し確認しながら

工具箱に収めるのも新人の役目だ。作業をする場合も、その都度、先輩に「スパナを貸してください」と、声を掛け承諾を得てから借りなければならなかった。これは「無駄」と同時に気を使うので私の神経にさわった。

　まず、最初にこの境遇を変えて自分の工具と工具箱で仕事がしたいと強く思った。そこで（日産車体で培った技術を他のメンバーに示す丁度良い機会だ）と考えた私は、さっそく行動に移す。

　「社長、工場に置いてある鉄板を一枚使って自分の工具箱を作りたいのですが、よろしいですか？」と、願い出た。社長はビックリした表情で「工具箱を作る…」と、最初は驚いたが興味を持ったようで、すぐに許可をくれた。

　一日の仕事が終わるのを待ちかねて、大きな鉄板に展開図を引き鉄板ハサミで切り取り、自分が使用する工具箱の製作に夜遅くまで取り掛かった。それを見た先輩たちは何が始まるのか興味深そうに遠目で眺めて帰ってゆく。斉藤社長が一番気になったのか作業の進行状態と新人の腕前を見届けるために工場上の二階住居から下りてきて顔を出す。約一週間後に立派な工具箱が完成し、社長も周囲も自分を見る目が変わったことを肌で感じ取り、実力を認めてくれたのが伝わってきた。こうして自分の居場所ができた。

　小さな町の修理工場ながら、当時は主流だったドラムブレーキのブレーキライニング（摩擦材）をブレーキシューに焼き付けるためのオーブンが備わっていた。当時の車検は必ずブレーキを分解し、ホイールシリンダーも分解、内部のゴム製カップ交換、ブレーキホース交換、ブレーキライニングが減っていればライニング張替、またはブレーキシューごと新品に交換していた。

　ライニングを交換する時は、ブレーキシューの内側をアセチレンバーナーで赤くならない程度に万遍なく炙ってから、プライヤーでつまんで軽く地面にトントンと叩きつける。すると接着剤が燃えて簡単にブレーキシューからライニングがポンと剥がれる。

　次にブレーキシューを万力に固定し、サンダーで表面の接着剤を綺麗に削り取る。綺麗になった表面に接着剤を塗り、新品のライニングを元の位置に合わせた後で、二個を向かい合うように置き、金属製帯バンドを包み込むように巻き付け中央のターンバックルで締め付ける。それをオーブンに入れて数十分間、高温で焼きつける。冷めてから、ドラム内側にチョークを塗ってからライニングを押し付け、当たり具合をチェック。

　鉄ノコの刃先でチョークの付いた所を削り取り、何度か修正を加え、ブレーキシュー全体がドラムに当たるように仕上げる。手間暇を掛ける本当の意味の修理業

だった。

　入社して、それほど経たない内に、35～40歳ほどの清水さんという板金屋さんが東京方面から入社してきた。自分専用の大きな工具箱には、板金用ハンマー、当て金（専門用語・ドーリー）、ハンダヤスリ、コジリ棒など見たこともない特殊工具が沢山詰め込まれていた。

　レーシングメカニックも自分専用工具を給料の大半を注ぎ込んで購入する。一流の職人は、工具を一目見ただけで腕の優劣がある程度窺い知れる。「弘法は筆を選ばず」という諺がある。弘法大師はどんな筆であっても立派な文字を書くことができたことから下手な人が道具や筆のせいにすることを戒めた言葉だが、自動車整備は優れた工具でなければ大事なボルトを傷つけてしまったり、最悪は取り外しが出来なくなってしまったりする。

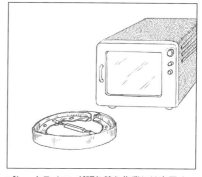

ブレーキライニング張り替え作業には専用オーブンを使用

　東京から腕を磨いて私と同じように飛び込んできた清水板金屋さんと、すぐに意気投合する。現在の自動車板金は、フェンダーが凹んでしまった場合やドアが破損した場合は新品の部品と交換するのが普通だが、当時の物価では部品代は高価であり、出来るものなら部品交換しないで修理するのが常套手段であるため、優秀な技術を持つ腕の良い板金屋さんは優遇された。

　凹んだ個所を元に戻すためには板金ハンマーで叩いて直す。叩けば叩くほど鉄の性質として伸びて歪が発生する。この歪をアセチレンバーナーで炙り（一点を狙って赤くなるまで短時間熱する）、瞬時に濡れたウエスで拭くようにして冷却する。この作業を「灸をすえる」「絞り作業」と呼び、板金技術の重要なテクニックだ。この時に助手がいれば作業がやり易く仕事もはかどる。いつしか私が助手となり炙り終ったバーナーを受け渡しする。清水さんは裏側に「当て金」を当て、炙った所をハンマーで軽く叩いて周囲にたまった歪を赤く染まった所に集め冷却する。手のひらをセンサーとして鉄板の上を滑らせ、目に見えない凸凹を探りあて灸をすえる。歪が完全に取れ元の形状に復元できるまで、この作業を延々と何十回、何百回と続ける。どこに、どのくらいの大きさで赤くなるまで炙るかは経験値で決めるので、その技を必死で盗もうと覗き込む。

　清水さんの助手として私が活躍するようになっていったので、次第に大きく損傷した板金作業を社長が引き受けてくるように変わっていった。

例えばマイクロバスのフロント側面が大破すると一枚の鉄板から作りだしてしまう。銅のリベットを真っ赤になるまでアセチレンバーナーで赤めて水の中にジャワーと入れる「焼きなまし作業」。銅パイプなど銅製品は「焼きなまし」することで柔らかい材質に変化する。私が助手としてリベットの頭に「当て金」を当て、反対側から清水さんがハンマーで叩いて「かしめ」てゆく。

　ドアが凹めば、外側の鉄板を剥がし一枚の鉄板を整形して作り出し復元してしまうことなど自由自在だ。外車のトライアンフ TR4A がフレーム（当時はフレームが主流）まで曲がるほど大破して持ち込まれた。箱根が近いことから曲がりくねった急カーブでの大事故が起きると、事故車は小田原の修理工場に持ち込まれることが多い。ボディをフレームから取り外しフレーム修正まで行う大仕事となる。板金は清水さんの担当だが、エンジン＆ミッション降ろしや、ボディを取り外す作業は、ほとんど私が担当した。

　フレーム修正作業の助手を務めながら、「技術は目で見て盗め」を毎日実践できた。フレーム修正が終了後、元通りに組み立ててゆくのも私の担当だった。事前に破損した部品をリストアップし、部品屋さんに発注を掛ける。小さな小物類は新品部品が手に入らないことも多く、そこを工夫して仕上げないと完成できない。このように仕事を通して次第に自分が活躍できる場を広げていった。

　私と清水板金さんの入社、高度成長に突入したことで自然と業務も拡大し、酒匂川の近くにある今井地区（昔、北条攻めで徳川家康の陣地が置かれた場所）付近に第2工場が作られ、そちらに配属される。第2工場になると亀田さん・大貫さんという塗装屋さんが請けおいで塗装まで行うようになる。事故で破損した車の板金修理の流れは次のようなものだ。

1. 部品・工賃の見積もり。破損部品のリストアップ（私は部品リストアップ担当）
2. 板金を行う上で邪魔な補機、インパネ、エンジンなど取り外し、板金終了後に元に戻す（私担当）
3. 清水さん他、板金作業（私は助手）。ダッシュボード、ドア内部の部品を交換他（私担当）
4. 塗装（請負）亀田さん大貫さん
5. モール、ライト類など艤装関係取り付け（私担当）
6. 商業車はドアなどに自家用と表示する義務があり、その他に商店名などが板金塗装で消えた場合は、看板業者まで完成した車を持ち込んで書いてもらう

　板金は天気に影響されないが、最後の塗装作業は雨天や強風などの悪条件や板金の下地処理の優劣で、どうしても影響され、納期は遅れがちとなる。業務拡大に

合わせ、板金屋さんも2人採用となり、合計3人になっていた。優秀な清水さんは、ほとんど板金用パテ（塗装用パテとの違いは厚く盛れる）の修正を嫌った。年月の経過と共に表面に皺が寄ってきたり色褪せたり、最悪は割れて剥離する欠点があるからだ。

　清水さんは板金パテを最小限で済ませる技術を持っていた。どうしても修正する際はハンダを薄く塗布する高等技術を常に用いていた。年配の新たに入ってきた板金屋さんは腕の未熟さをパテ厚塗りしてごまかすので塗装屋さんは困っていたが、この腕前の違いはどうにもならなかった。たまりかねて文句を言っても、技術はそう簡単に一朝一夕で身に付くものではない。

　塗装は仕上げ作業に入るほど下地では解らなかった凸凹や、下地処理の欠点が気泡となったり色むらを生んだり顔を覗かせる。時には、最初に戻ってパテを全部剥がして再修正を必要とするケースも出て来る。納期に遅くなることはあっても、早くなることはない。

　塗装が終わって看板屋に持ち込む時間は、暗くなって閉店時間を過ぎてしまうことも多かった。そこで手先の器用な私は次第に簡単な文字や、半分消えかけた「自家用」という文字など、看板屋もどきで書くようになっていった。なぜなら塗装が終わって完全に乾いてからライト類やモール、バックミラー、エンブレムなどすべての部品を取り付けて最終仕上げをすることが私の主な担当だったからだ。

　斉藤自動車で学んだ整備技術、板金技術、塗装技術、看板技術は、その後の日産大森ワークスで如何なく発揮されることに繋がってゆく。そこが私の持ち味となった。

　高度成長に合わせ新入社員も増え、軟式野球チームを作ったり、昼休みには卓球台を購入して卓球を楽しんだり、事務所では昼休みに麻雀が流行ったりした。こんな所は小さな町工場の良さであった。ある時、社長が第二工場に昼休みが終了する13時頃に顔を出すと従業員がほとんどいない。ビックリしてしばらく待つと手に落ち鮎を持った従業員が近くを流れる酒匂川から帰ってきた。もちろん、その中の一人として私もいた。社長のおとがめが無いのは、夜遅くまで残業しても残業代はつかなかったし、納期に合わせて夜中まで働くこともあったからだ。

　11月になると急激に気温が下がり、産卵のために川の下流に下ってきた鮎も産卵が終わる。産卵を終わった鮭は間もなく死ぬが、鮎の場合はそれまでの綺麗な色から真っ黒な色に変わり痩せ衰える。夏場は敏捷な身のこなしで手掴みなどできない鮎も、素手で簡単に捕まえられる。それを待ち望んで昼休みに出かけ子供のように時間を忘れて鮎を追い回していたという次第である。

斉藤社長の愛車はフェアレディ（SP310）であったが、神奈川日産と協力店という関係にあったためなのか、初代の端正なシルビア（CSP311型）に乗り換えた。当時大卒の初任給が2万円の頃、新車価格は120万円。1965年4月から68年6月までの3年間で554台しか生産されなかった希少車であった。毎日、第一工場から神奈川日産を経由して第二工場に颯爽と乗り付けた。私は喜んで社長のフェアレディやシルビアを洗車した。この頃の私の給料は1万数千円前後だったので高嶺の花、そんな車に触れるだけで嬉しかった。いつかはこんな車に乗ってみたいと憧れた。

　隆盛時に第一工場、第二工場と合わせ30名近い大所帯になった工場も、私が退社後、社長、工場長が亡くなり、長男が引き継ぐが、いつしか閉店に追い込まれたのをずっと後で知ることになり、世の中の栄枯盛衰は現代でも通じるなと、世のはかなさを強く感じた。

　退社するときに「社長、今度、日産自動車に入社することが決まったので退社させて頂きます。長い間、お世話になりました」と挨拶に訪れると、「そうか…残念だが仕方ないな。戻りたい時は、いつでも戻ってこいよ」と、暖かい言葉を掛けてくれたことは今でも忘れられない想い出としていつでも蘇ってくる。

日産大森ワークス配属

　日産大森ワークスに配属されるまでの経歴が解ったところで、話を元に戻そう。1967年7月下旬、指定された日時に横浜にある日産自動車株式会社・人事部を訪ねる。そこで言われたことは、まったく予想していなかった言葉だった。

　ここで自分の意思に関係なく私の運命が大きく舵を切った瞬間でもあった。

　「追浜ではなく大森分室にある宣伝部のレース部門に行ってほしい」「エッ、大森分室？」。

　サファリ・ラリーのメカニックをあれこれと妄想していた私にとって、咄嗟に事情が呑み込めない。

　「今度、大森にレース部門が立ち上がるので、そちらに回ってほしい。現場の技能員として正社員はあなたが初めてとなります」。

　そう言われても何の予備知識もないのだし、せっかく掴んだチャンスは生かしたい。私の性格として、決断するまではあれこれ思考を巡らすが、その場その場での決断は早い。「解りました」と間髪を入れず答えていた。

　場所は銀座・日産本社から離れた鈴ヶ森刑場跡の近くに位置し、京浜急行・大森海岸駅から徒歩5分の場所にあった。大森海岸駅周辺は昔から花柳界があって、

すぐ近くには「悟空林」という趣のある大きな中華料亭があったため、帰社する際に芸者さんとよくすれ違った。残念なことに1969年12月の大火で焼失してしまう。他の料亭も次々と閉店し、やがて焼け跡には高層マンションが建てられ、趣が大きく変わり変貌を遂げてゆく。

配属先の正式名称は、広報部・宣伝第四課、その後、この名称はめまぐるしく変わってゆく。宣伝部・宣伝第四課、宣伝部・宣伝第三課などだが、名称変更に合わせて業務内容も微妙に変化してゆく。

創立時から変わらない目的は「モータースポーツを通じた宣伝活動」を行う部署。レース、ラリーの参戦から、オプション部品の開発及び販売、サーキットにおいて、日産ユーザーに対する部品販売や故障診断、整備のアドバイス、国内ラリーの参戦及びサービス、日産レーシングスクール（辻本征一郎校長）の開催等、多岐に渡った。

新しく働く場所に期待と夢を膨らませ、一方ではドキドキしながら出勤する。小柄な宣伝第四課の課長・野中和朗氏（後に私の仲人を依頼）が暖かく迎えてくれた。自動車専門誌などで何かと紹介記事が書かれるのは、スカイライン産みの親・桜井真一郎氏（後にオーテックジャパン初代社長・私は部下という奇遇）と、サファリ・ラリーで有名な難波靖治氏であるが、この野中和朗氏が存在しなかったら、鈴木誠一、黒沢元治、都平健二、長谷見昌弘、星野一義選手は、もしかしたら日産ワークスドライバーでなく別会社のドライバーとなっていたかもしれないし、「日本一速い」という呼び名で一世を風靡した星野一義選手も生まれていなかったかもしれない。日産のレース活動を語る際に、忘れてはならない存在なのである。マスコミは良くも悪くも読者受けする人をこぞって取り上げる傾向がある。

日産自動車株式会社は当時すでに大会社であった。時に官僚的と揶揄されることもあった保守的風土の大会社の宣伝部に、レース部門を作ったことになる。時代は1964年、当時は川又社長。1963年5月3日～4日鈴鹿サーキットにおいて《第1回日本グランプリレース》が華やかに開催され、自動車愛好者時代が幕開く黎明期にあたる。

早くも1964年3月にはフェアレディ（SP310型）の「レーシングキット」が発売され、5月2～3日の《第2回日本GP》を契機に、スポーツカークラブの活動も盛んになってゆく。スポーツカークラブは第1回GP以前からすでに存在していて、ジムカーナやラリーを主催していた。そんなユーザーからの要望は、レース用部品の開発と供給であった。

《第2回日本グランプリ》の頃は東京三田地区にあった直納部の工場の片隅でレー

国内初期レースにおけるパドック風景(川口オートレース場)。左のNo.86フェアレディは三保敬太郎、No.31セドリックは久保和夫。いずれも大森の前身のチューンによる。1964年8月16日《第3回ナショナルストックカーレース川口大会》

ス車両の整備を行っていた。直納部に居た小倉明彦氏、城北ライダースの仲間達(ドライバーや神谷章平メカニック)も居た。その後、大森分室に移動してきた。これが大森分室ワークスの現場としての始まりである。

　広報部宣伝第四課は、1965年(昭和40年)11月、野中和朗課長以下、本社の各部署から、奥山博三氏、田中泰治氏、丹治忠氏、浅見孝子事務員(技術部より)、花里洋子事務員、浅野信子事務員(庶務より)、その他で誕生。大森分室には直納部が存在したが、同年12月1日、その2階に「スポーツ相談室」が開設される。ここに久保正一氏(久保3兄弟の父親、城北ライダース初代会長)と、スポーツカークラブ所属・技能員としてラリードライバーの森西栄一選手、レースドライバーの辻本征一郎選手が在籍する。レース車やラリー車に改造するためには不可欠なオプション部品が、ほとんど設定されていなくて、これから開発しアイテム数を増やし一般ユーザーに販売を開始しようとする総本山という立ち位置で誕生した。その後の大森分室配属後、森西栄一選手と生死に関わる大事故を経験することになるとは夢にも思わなかった。

　この時に工場に鎮座していた車は、ブルーバード411型、1967年3月に新発売さ

れたフェアレディ2000・SR311型/ソレックスツインキャブ・U20型エンジン搭載、5速トランスミッション仕様となり戦闘力はかなり高まっていた。

　大森分室は事務所とスポーツ相談室は開設したが、整備班は人手が足りなかったため、《第1回日本グランプリ》開催などに対応し、追浜・特殊車両部から応援を貰う。初回に荒木氏（3ヵ月間）、2回目のチーフは蒲谷英隆氏（6ヵ月間）、次に橋本氏（6ヵ月間）とメンバーが入れ替わり、参加車両のセドリックやフェアレディの改造を交代で手伝っていた。

　整備応援の蒲谷氏やメンバーたちが追浜にちょうど帰った留守の間の、1967年8月1日に私が蒲谷氏と入れ替わるように初出勤したことになる。

　現場に行くと、真っ先にお目にかかった人は、鈴木誠一選手（当時31歳・大森契約期間1964年2月～73年）、黒沢元治選手（25歳・大森契約期間1965年1月～67年この年の10月から追浜契約72年まで）、都平健二選手（24歳・大森契約期間65年1月～73年）、長谷見昌弘選手（20歳・大森契約期間1965年～84年、68年～69年はタキレーシング所属）、メカニックとして小倉明彦氏と神谷章平氏、日産のディーラーから実習に来たという二人がいた。小倉明彦氏、神谷章平氏は社員ではなく、嘱託扱いであった。レース業界にまったく無知であった私は、まだ彼らがどれだけ素晴らしいトップクラスの精鋭揃いかという認識は薄かった。

　驚いたことに、タイヤ交換、バランス取り、ミッション分解・組み立てから始まって、エンジンチューニングなども、黒沢選手、都平選手、長谷見選手自らが行っていた。レース部品など満足に無かったので、ノーマルピストンの肉の厚い所を、卓上ボール盤を用いて、ドリルで穴を開け軽量化、スカート部分も鉄ノコでカットするなど、経験値を元にヤマ勘で改造していた。

　まだ正規のレース用オプション部品が揃っていなかったため、サイドノックが発生し、初期の頃は約半数のエンジンにブローが発生、リタイアしていたと蒲谷氏に聞いたのは、この原稿執筆の聞き取り調査で初めて知った。

　最初に与えられた仕事は、タイヤ交換。当時はダンロップMタイヤという一種類の銘柄しかなく、ウェットタイヤもまだ存在していなかった時代。古いタイヤを取り外し新品のタイヤを組み込み後、ダイナミックバランスを測定しウエイトを打ち込み、再度バランスを確認して終了。ドライバーも含めて何でも自分で行う時代であった。

　ボディ＆サスペンション改造、エンジン分解・改造やミッションOH、馴らし運転、パワーチェックなど幅広い作業を各自が行っていた。

　新人の私に与えられた作業は、緑色した酸化クロムをエンジンオイルでクリーム

状に溶き、セーム皮に塗りつけ、朝から晩まで、ただひたすらにクランクシャフトのピンとジャーナル（軸受部分）を磨き上げる作業だった。専用台にセットし、クランクシャフトを少しずつ回転させながら、万遍なくかたよらないように全体を均一に磨き上げることでメタルとの馴染み性を向上させることが狙いだ。

　作業目的など詳しい説明など一切なくても、整備の基本が出来ていた私は即座に作業目的もコツも呑み込めた。根気が必要なこと以外、特別なテクニックなど必要としない作業だった。

　エンジン組み立てが終了すると、小さな部屋ながら通称ベンチ室と呼ぶ、エンジン性能を測定する実験室に持ち込まれる。一応、防音装置や換気装置を備えていたが、操作は同じ部屋の中に入ってエンジンのすぐ近くで行うワンルーム仕様だった。だから排気熱やけたたましい騒音、オイルや排気管が焼ける匂いなど直接伝わってくる驚きの環境であった。

　日産ワークスドライバーのセッティング能力やレース開発能力が高いのも、実は、こんな実際の実務経験が生かされていることを知っている人は少ないと思われる。その理由は、ドライバー自身がそれを他人にわざわざ言うこともないし、現場が正式に立ち上がるのに合わせて自然消滅したので、知る人は内部で働いたことがあるごく少数の人に限られる。

　当時は、現在の中国北京の経済発展によるスモッグで覆われた空と同様に、東京の空も汚れていた。平和島競艇場に繋がる運河が、工場のすぐ横までつながっていたが、黒く油が浮いて悪臭を放っていた。私は生まれ育った環境が空気の澄んだ自然豊かな田舎町であったために、配属後1週間ほどで体調をくずし気分が悪くなった。元々がそれほど頑強な身体でなく、身長172cm、体重50kgと人並みより痩せていて、それに加えて真夏の暑さと、住む所も生まれ育った家を初めて離れ、戸塚の日産独身寮に入居し、電車乗継で片道1時間30分と長距離通勤。仕事仲間から住居、通勤まですべての住環境が大きく変わったことに夏の暑さが追い打ちを掛け、耐えられないと感じた。

　そこで野中和朗課長に「少し話があるのですが」「どうしたんだ」「私には無理なのでやめさせてください」と思ったままを願い出た。「少し体を休めれば回復するだろう。そんなこと言わずに少し休んでおけ」と、優しくいたわってくれた。

　その日は仕事をしないで数時間休ませて頂いたお蔭で、身体も気持ちも回復してきた。野中課長の、この時の励ましがなかったら、1週間で退社し、今の私はまるで異なる人生を歩んでいたことは間違いあるまい。

　主要な街道には、右ルートと左ルートに分かれる追分という所が沢山存在するが、

一人一人の人生にも絶えず追分が存在する。その時に、右ルートを取るか左ルートを取るか後戻りできない決断で後の人生が大きく変わってゆく。時には、個人の歴史だけでなく日本の歴史も世界の歴史も同じように変わってゆく…。

大森分室の前身を辿ると

　話は少し逆戻りするが、日本のレース黎明期において最強のモトクロスチーム・城北ライダースに所属していた彼ら（鈴木誠一、黒沢元治、都平健二、長谷見昌弘）は、本格的な4輪レース時代の到来に合わせ、1965年に日産大森ワークスドライバーとして正式契約する。鈴木誠一選手は東名自動車（現・東名パワード）も同時期に立ち上げ、4輪レースに向けて足元を固めてゆく。この城北ライダースは、1958年浅間高原自動車コースで開催された《第1回全日本クラブマンレース》などで、当時、最強を誇った。初代会長の久保正一氏（父）を筆頭に、鈴木誠一、松内弘之、久保三兄弟（靖夫、寿夫、和夫）である。東名自動車の立ち上げに貢献し、後に、スピードショップ・クボを立ち上げる日産L型エンジンの神様と呼ばれる靖夫氏は長男。1976年に日本最初のF1GPが富士で開催された際、コジマエンジニアリングのメカニックを務めた。

　久保和夫氏は1960年代の国内モトクロスで実力ナンバーワンと言われ、1965年スズキ・ワークスライダーとして、日本人として初めてモトクロス世界GPに出場。東名自動車の設立にも関係し、役員を務める。後にスズキ系のレースマシンのサプライヤーとしてSRSクボを設立。

　1971年、軽4輪・360ccエンジンを搭載した入門用フォーミュラカーレース・FJ360（後にFL500）が開催された時には、スズキエンジンを搭載したFL360チュー

船橋サーキットを疾走する2台のワークス・フェアレディ1600は鈴木誠一と長谷見昌弘。長谷見が0.7秒差で優勝。ロータス・エランやホンダS800等がライバルだった。1967年1月15日《全日本自動車クラブ対抗レース》Sレース

ナーとしてサーキットに現れた久保和夫氏と何度もお会いすることになる。兄弟で共通していることは人柄を表す笑顔と少し太めのがっちりした体格で、初対面でも親しみを感じた。

　この事例を読み解くと、2輪レース、4輪レースと、それに伴って必然的に避けて通れないチューニングテクニックに関して、城北ライダースのノウハウが伝承され育まれていることが伝わってくる。

　日産自動車のレース部門は時代と共に大きな変革を遂げて行くのだが、読者に解りやすくするために、少し後の時代も含め当時の日産ワークスについて解説しよう。

〇日産大森ワークス（宣伝部所属）レース＆ラリーを通した宣伝活動および開発。
〇日産追浜工場・特殊車両部　主に海外ラリー及びレース車両開発および参戦。
〇日産村山工場・元プリンス自動車。R380、R381、R382、スカイライン、チェリーのボディ車両関係の開発および参戦。
〇日産荻窪工場・元プリンス自動車。エンジン関係の開発。
〇オーテックジャパン。グループCカーエンジン開発。

　このように日産自動車レース部門と呼んでも、車種や時代により、その関わり方は複雑に変化してゆく。ドライバーもプリンス自動車は社員扱いだったが、日産自動車と合併後、社員ドライバーは禁止となった。契約も追浜や元プリンスは日産ワークスが一軍で、大森ワークス（大森分室とも呼ばれた）は二軍的に扱われていた。その理由は、プロトタイプカーなど花形のレーシングカー/R380などは村山工場、サファリ・ラリー車の開発や初期開発を追浜が行っていたのに対し、大森はツーリングカーでの参戦やオプション部品販売、レーシングサービス、日産レーシングスクール開催など、日産ユーザーに向けた業務が主体で宣伝部所属だったためである。基本的開発が終了した後、大森分室が引き継いでから、実戦を経験しながら改善（開発）してゆくことが多かった。

　日本のモータースポーツが湧水のごとく湧きだし、城北ライダースという源流が日産大森ワークスと東名自動車（現・東名パワード）、土屋エンジニアリング、スピードショップ・クボ、SRSクボという五つの支流に枝分かれした。更に東名パワードから1985年に今井修氏代表の「東名エンジン」と、中野啓吉氏が代表を務める「東名スポーツ」にノレン分けした。従って大雑把な意味合いでは、私の設立したアタックレーシングも城北ライダースの流れを汲むことにつながる。

【編集部より註】

　ニッサンのワークスチームと一口で言っても複数あり、また時代とともに形態も変わってきた。1969年秋開催の《日本グランプリ》が終わって間もない、国内レース界が一頂点に在った頃のニッサン・ワークスを解説した記事が、当時の『オートスポーツ・ミニ70』（三栄書房）に掲載されている。一部抜粋してみよう。

＊　　＊　　＊

　プロ意識に徹するニッサン・ファクトリー。いわゆる純ファクトリーといわれるドライバーは日産自動車研究所に所属しており、旧ニッサン系と旧プリンス系を問わず同社のレース仕様車をすべてこなしている。主力マシーンはニッサンR382とR380だが、トヨタと違って市販車によるレース活動も行っているのが特色だ。ドライバーの顔触れは、横山達、砂子義一、高橋国光、北野元、黒沢元治、都平健二、それに70年春から新鋭・長谷見昌弘が加わって、総勢7人となった。いずれも2輪レース経験者であることが大きな特徴だ。これらのメンバーは、平井啓輔・特殊車両部長、難波靖治・第1特殊車両課長、青地康雄・第2特殊車両課長、桜井真一郎・第4設計部第2車両設計課長——らの技術者に率いられて強力な力を発揮している。いっぽう、市販車を中心としたレース活動は、広報部宣伝4課（東京・大森のスポーツ相談室）に所属するドライバーが行っている。鈴木誠一、須田祐弘、田村三夫、寺西孝利、辻本征一郎らベテランに、最近新たに歳森康師、本橋明泰、星野一義が加わった。彼ら契約選手の下に、SCCN（ニッサン・スポーツカー・クラブ）、PMCS（プリンス・モータリスト・クラブ・スポーツ）、NDC東京（日本ダットサン・クラブ東京）らに所属するクラブ員ドライバーが大勢いる。選手層は他のどのメーカーよりも厚い。その当時の日産自動車（株）組織を示すと、

・日産自動車研究所特殊車両部第1特殊車両課　横須賀市夏島町1番地（追浜工場）
・日産自動車研究所特殊車両部第2特殊車両課　東京都北多摩郡村山町中藤600（村山工場）
・日産自動車広報部宣伝4課　東京都品川区南大井2-10-9（大森/スポーツ相談室）

スカイラインHT-GT-R。1971年5月3日《日本グランプリ》TS-b

第2章　ピットアウト

日産大森ワークス10人のサムライ誕生

　1967年（昭和42年）8月1日の私の配属から1ヵ月後、正式に日産大森ワークスの整備部門が設立される。応援から追浜に帰った蒲谷英隆氏（追浜特殊車両）が9月16日、整備部門チーフとして正式に配属される。

　日産各工場から集められたメンバー6名、上野吾朗氏（直納部）、高木保氏（追浜特殊車両）、伊藤忠輝氏（追浜特殊車両）、竹下登氏（追浜特殊車両）、内記輝夫氏（鶴見実験課）、宇留野信也氏（追浜・機関実験課）に、私と、嘱託だった小倉明彦氏、神谷章平氏を加え、総勢10名のメンバーで大森ワークスがここに正式に発足した。

　正式発足して間もなく小倉明彦氏が退社、神谷章平氏も退社され、新しい人が次々と加わってくる。最初の発足から新しくメンバーも増えて行き、体制の充実と共に、日産大森ワークスの名声は、その輝かしい戦績と合わせてレースファンの記憶に残る活躍に繋がって行く。間違いなく私はそのメンバーで中核的役割を担って躍動していた。

　業務拡大に伴い、事務員も増員され、技術員も松本哲郎氏、中村公男氏、岡 寛氏、宇都宮尚昌氏など次第に増えてくる。現場も新しく他の部署から移籍、途中採用者も加わり、総勢25名ほどの大世帯に変わる。

　4年後、野中和朗課長の転籍に伴い本社部門から井上元也課長転籍、次に冨塚恭順課長に変わり、その後も成瀬輝記課長と変わって行く。大森分室がニスモに変わると同時に追浜特殊車両から小室博氏が課長として赴任、柿本邦彦氏が技術員の長として赴任してくるが、業務内容は継続される。

　大森ワークスは日産自動車宣伝部に属しながら、極めて個性的な活動を幅広く行っている。追浜や村山・荻窪は、その性質上、他社との過酷なレース活動を行うため、機密保持が厳重に行われた。同じ日にサーキットでのテスト走行が行われた際も「鉄のカーテン」と同様に、追浜特殊車両のピット・パドックエリアに大森メンバーは一切近寄ることは許されなかった。

時は丁度、高度成長時代に突入し、サニー＆カローラの大衆車戦争が始まり、日本グランプリも第3回を迎え、外国製のポルシェにやっと勝てる実力を備えた、トヨタ7、日産R380が開発熟成され、国産プロトタイプカーがトップを争う時代を迎えていた。

　サニー＆カローラの大衆車発売と、低価格（サニー1000・2ドア・スタンダード（B10型）41万円）を謳い文句に、それまで高嶺の花であった自家用車が庶民にも普通に購入できるマイカー時代が到来。私も兄貴と共同出資でそれまで夢だったサニー1000・4ドアセダンを従業員割引価格での購入に踏み切った。

　日産大森は、そんな車好きが大幅に増える時代を先取りするように、ラリーやレースに深い関心を持つ愛好者にオプション部品販売やサーキットでの部品販売・相談・整備などのサービスなど、先進的な業務を担った。

　サニー1000新発売から6ヵ月後、66年、初代カローラ（KE10型）が新発売され、トヨタが流した有名なCMが「プラス100ccの余裕」。それから5年後、71年にサニーがモデルチェンジ、1200ccに排気量アップ。比較広告として流したCMは「隣のクルマが小さくみえます」だった。

　レースによっぽど詳しい方でないと解りづらいが、レースになると排気量区分でクラス分けされる。この100ccの排気量の違いは大きな差となってタイムや結果に影響してくる。サニー＆カローラが属するカテゴリーはレース規則書に細かく決められていて、サニー1000（B10型）の正式排気量は988ccであることからクラス区分で上限1000ccの排気量クラスとなるのに対し、カローラの正式排気量が1077ccのため、クラスの違う上限1150ccまでのクラスに分類されるのである。

　このクラスの違いが意味することは、サニーの排気量アップが12ccしか許されないのに対して、カローラは1077ccと元から89cc大きい排気量なのに、総排気量1150ccまでプラス73cc排気量アップが許される。その結果、排気量の差は162ccと、バイク1台分に相当する大きな違いが生まれていた。この162ccの排気量をたった162ccと見るかもしれないがコンマ1秒を争うレースの世界になると想像以上なハンディとなって襲ってくる。レース結果は、総合優勝とクラス優勝とに分かれている。勝ったという意味では、一番早くチェッカードフラッグを受けた総合優勝のクルマに贈られる。見ている観客には、よほどのレースマニアでなければ排気量の違い（差）など興味もないし伝わることはない。だから、初代サニー1000のレース戦績がふるわなかったのも致し方なかった。

　追浜特殊車両部が開発したサニー1000は北野元選手に任され、鈴鹿サーキットで68年8月25日開催された全日本レーシングドライバー選手権・ツーリングカー

1300cc以下のクラスにエントリーしていたが、スポーツカー、ツーリングカーの混走だったので、ライバルとしては田中弘、武智俊憲、林将一選手のホンダS800、高橋晴邦選手のカローラ1100、菅原義正選手のミニクーパーSなどの強豪が相手だった。レース前の予想でも北野サニー1000の勝機などほとんど無いと思われていた。

　ところが決勝当日の天気は雨となり、何が起こるか予断の許さない展開となってゆく。後に黒いフェアレディZを駆って活躍する柳田春人選手に「雨の柳田」と異名が付いたように、雨天のレースにめっぽう強い選手がいる。北野元選手もその中の一人だった。シグナルが青に変わりレースが始まると、予想どおり武智選手の操るホンダS800がトップに立つが、北野サニー1000は好位置の2位に付ける。周回を重ねても非力なサニー1000は離されることなく水を得た魚のように勢いを増し、4周目にS800をかわしてトップに躍り出ると、他車の追撃を許さずクラス優勝どころか総合優勝を勝ち取ってしまう。この活躍がサニー1000の最初で最後の大活躍となった。

　追浜で初期開発が終了すると初めて大森にも開発情報やレース部品が支給されるようになり、実際のレースに参戦できたが、追浜と同様に苦戦を強いられた。

　野中課長は4年間勤め、69年に広報課長に転出。以降、販売店課長を経て販売会社に出向。90年に退職する。

　入社してくる人もいれば退社してゆく人も居る。若手の小林修氏は同じ茨城県出身ということで都平健二選手の紹介で入社してきた。ある時、工場の横でシャリシャリと音を立てて何かおいしそうに食べているのを私は見つけ、「俺にもくれよ」と声を掛けたら、「エッ、ガラスなのだけど食べますか？」と笑って答えた。

　何と小さなガラスの欠片を差し出してきた。世の中は広い、自分の常識だけでは

初代サニー1000セダンは追浜ワークスから海外レースにも挑戦した。より大排気量のアルファロメオGTAに混じって奮闘する。手前は北野元、奥は黒沢元治。黒沢がクラス優勝する。1968年9月8日《マレーシアGP》

通用しないと感じた瞬間だった。その後、彼が体調を崩したという話は聞いていない。

　また、入社して短期間で退社した伴野明君がいた。意外なことにレースとは直接関係ないが、スロットレーシングという遊びがあって、それに必要なシャシーなどの部品やコースを設計及び製作販売するシグマホビーを設立する。プラモデル1/24のボディを載せガイド溝の設けられたコースを疾走させる。基本的に実際のレースを模して競技も開催され、隠れた愛好者も多い。往年のレーシングカーで名選手が手に汗握るイベントも開催されている。

　日産自動車株式会社ほどの大会社になると、職場は社会を反映している。当然のことながら職種の違いによって、まるで異なる業務内容となってくる。守衛、人事、庶務、経理から始まり医師、看護婦、工場になると試作、実験、車体、艤装、塗装、エンジン組み立て、車両組み立てなど書ききれないほど多彩な職種がある。

　大森分室は「モータースポーツを通じた宣伝活動」に沿った業務だったため、レースとなれば非日常的で刺激的な世界が待っていた。会社の営業マンも営業成績が数字となって表れてくるが、勝負の世界では「勝った、負けた、リタイアした」と結果を突きつけられる。自分の仕事や生きざまが順位という動かしがたい結果として残るのである。これを一度でも体験してしまうと、その魅惑的な魅力は何物にも代えがたい。レースに衝かれたようにドライバー、メカニック、レース関係者はこの魔力に引き寄せられる。

フェアレディ2000(SR311)に集った大森のメカニック仲間たちと(左から2人目が筆者)。⑰鈴木誠一と⑱田村三夫を担当した。後方にロータス47とマクランサの一部が見えている。1968年10月20日《第10回全日本クラブマンレース・NETスピードカップ》

ニッサン・レーシング・スクールあれこれ

　大森分室には、SCCN(ニッサン・スポーツカー・クラブ)の事務室も設けられ、私が大森分室に配属された時に宮古君江さん(女性)がいた。設立は1964年(昭和39年)、初代代表は《第1回日本GP》で優勝した田原源一郎氏。時も同じころ、1964年5月に、《第1回日本GP》にトヨタ車で出場した選手を中心にしてトヨタモータースポーツクラブ(TMSC)も設立されている。

　1965年12月に「日産スポーツ相談室」が開設されると、ユーザー支援の一環としてニッサン・レーシング研修会が開かれた。レースに出場するための知識や技能を指導教育する本格的な講習会の必要性を感じて、冬季の12月から1月を除き毎月開かれた。

　私が大森に入社した3年後、1970年に「ニッサン・レーシング・スクール」という正式名称に変わり、初代校長に、辻本征一郎氏が就任(1970年～91年)テーマである「安全に、より速く!」をモットーに、サーキット走行のマナーからレース出場のための実践知識までを経験豊富なプロドライバーが直接指導する内容となっていた。

　レーシングドライバーの中でも辻本征一郎選手は異色だ。元は何とプロの「ドラマー」だった。1957年公開された石原裕次郎さん主演「嵐を呼ぶ男」の主題歌で「おいらはドラマー、やくざなドラマー、俺らがおこれば嵐を呼ぶぜ…」ドラムを叩きながら歌った姿に多くの若者が熱狂した。辻本氏は日本テレビ「シャボン玉ホリデー」のバックミュージシャンのドラマーとしてレギュラー出演していた。

　64年当時の大卒初任給21200円の頃、軽く16倍ほど稼げたらしい。一般庶民にとって高嶺の花であったフェアレディ1500(SP310)をキャッシュで「ポン」と購入した。日産関係者の間で「フェアレディを現金で買った人がいる!」と話題に登ったと聞く。

　このことがSCCN初代代表の田原源一郎氏の耳に入り、SCCNに加入することになったと伝えきく。

　レース歴は古く、1965年7月17日、「船橋」で開催の《全日本自動車クラブ選手権レース》に初エントリーするも、スタートできずに終わっている。このレースの1位・浮谷東次郎／ロータス・エラン、2位・生沢徹／プリンス・スカイライン2000GT、3位・北野元／ダットサン・フェアレディ (SP310)とレース好きならほとんどの方が知っているビッグネームばかりだ。2戦目の鈴鹿で6位。この年に6戦参加。翌年66年1月の《東京200マイルレース》(船橋)の前座戦で念願の初優勝を遂げた。

レース開催は土曜日と日曜日に行われるため、地方出張などが多いプロドラマーの仕事と重なるため、両立は難しいと判断、思いきったことに大金を稼げるプロドラマーの仕事をやめて、自費でレースに参加していたと聞く。

　ドラマーは右手、左手、右足、左足を使い、異なったリズムで楽器を叩くため、ヒール＆トーなど、朝飯前だったに違いない。基本的にレーサーもアスリートだから野球やゴルフも上手な人も多いが、辻本征一郎選手は芸能界出身だから、立ち振る舞い、トークも流石と思わせる違いをいつも感じさせてくれ、私の憧れだった。福沢幸雄選手もパドックですれ違うこともあったが、ファッションモデルを務める容貌・スタイルから歩いている姿でも「カッコいい」と、田舎育ちの私には敵ながら憧れの存在であった。

　辻本校長を始めとして、他の講師はその時の他のレースとの兼ね合いでメンバーは入れ替わった。日産契約ドライバーが受講生を助手席に乗せてサーキット走行を教える同乗走行が一番の目玉であった。

　豪華な歴代講師陣は、北野元、高橋国光、横山達、砂子義一、黒沢元治、都平健二、鈴木誠一、長谷見昌弘、須田裕弘、田村三夫、寺西孝利、歳森康師、星野一義、本橋明泰、西野弘美、高橋健二、柳田春人、和田孝夫、松本恵二、萩原光、鈴木亜久里、鈴木利男選手と、素晴らしいメンバー達ばかり。このような一流レーサーの助手席に同乗できることなど、夢のようなビッグチャンスである。

　開催場所は、1970〜71年は年間9回、富士スピードウェイをメインに鈴鹿サーキットで開催。73年は筑波サーキットでも開催されるようになり、17回まで増加したが、オイルショックの影響で74年は6回に減少した。75年以降は、日本海間瀬サーキット（新潟県）、山陽スポーツランド（岡山県）、西日本サーキット（山口県）など地方サーキットを加えながら、年間8〜10回のペースで毎年続けられた。1984年までの開催回数は138回を数え、85年以降はニスモ（株）に業務は引き継がれたが、私はメンバーの一員としてスクールカーの準備やスタッフとして、そのほとんどに関わってきた。筑波サーキット開催時に高橋国光選手が講師を務めたときに、私は1コーナーでたまたま監視ポストの旗振り係りを担当する幸運に恵まれた。国光選手のカウンターステアの名人芸を特等席で毎周回、目のあたりにして涙するほど感動した。

　通常はTS仕様の3台のスクールカーを準備し、受講者の希望によって同乗走行が行われる。私達、メカニックの仕事はスクールカーの製作から始まって、走行前の準備、走行後の点検整備、当日参加する車両の車検、同乗走行時の同乗者の乗り降りの手助け、4点式シートベルトを確実に装着すること、コースの旗振りなど多岐にわたった。

する。ピットインで作業できる人はあらかじめ決められていて、人数も決められている。これに違反すると失格になる。

今となっては正確な時間は覚えていないが、20分ほどで交換は終わり、再びコースに復帰した。しかし、一度ヘッドガスケット吹き抜けを発生したエンジンは、ヘッド下面やシリンダーブロック上面が歪んでしまい、面圧力（両側から押し付けている圧力）のバランスが崩れている。そのため均一な圧力でガスケットを圧迫することが出来なくなるため、交換前よりも余計に再発しやすくなってしまう。7～8周しただけでその懸念は的中し、再びピットに戻ってきた。「仕方ない！やるだけやった。リタイアしよう」。ドライバーも納得して車から降りヘルメットをはずした。

結果は、ある程度、予想できたとしてもメカニックとドライバーのプロの意地が突き動かした熱い行動であり、青春真只中の出来事であった。

《ル・マン24時間》など長距離レースになればなるほど、レース中に大掛かりな修理が行われる。国内では《富士1000kmレース》や《レース・ド・ニッポン6時間》及び《筑波ナイター9時間耐久レース》などが長距離レースとして開催されていた。

グループCカーも耐久レースなので、ターボチャージャーが壊れるとピットで交換が行われた。耐久レースを夜間に見ればブレーキローター、エキゾーストマニホールド、ターボチャージャーも真っ赤に焼け、高温に晒されていることが一目瞭然で解る。

ターボチャージャー・トラブルでピットインしてきたらターボチャージャー本体に水を掛ける。「ジュジュワー」と、蒸気となって一瞬で蒸発する。とてもじゃないが、耐熱手袋をはめていたとしても触れる温度ではないので荒療治で冷やすのだ。作業中もタイムは容赦なく失われてゆく。たった1秒間ロスするだけで200km/hで直線を駆け抜けるライバルに対し、約55m引き離される計算となり、一度ピットインしただけで優勝圏内から消え去り、大幅に順位を下げることにつながる。

ターボチャージャー周辺部分も高熱の影響を受け、簡単に火傷する温度に達している。分厚い耐熱手袋をはめての困難な作業でも、熱さに耐えながら一秒でも早く完結しなければならない。

耐久レースでは夜間でも走行する。だから夜間にピットサインを出す場合は、チームにより多少異なるが、サインボードに照明を取り付け、小型軽量のバッテリーを用いて照らすよう工夫した。私もレーシングカーの助手席からピットサインを見る機会に恵まれたが、意外とよく見えることに驚いた。

56　　第2章　ピットアウト

席に座っている観客のすぐそばを降りてくるのだから、いやがうえにも盛り上がる。

長距離レースのスタートは少し変わっていて、ピット側に予選順位に従い、斜めにレーシングカーが停車し（エンジン停止）、コースの観客席側（車から7〜8m離れたところ）にドライバーが並ぶル・マン式で行われた。有名なル・マン24時間レースで採用されたため、この名前がついた。

スタートの合図と共に、ドライバーは一目散に車に駆け寄り飛び乗ると同時にエンジンを始動、シートベルトを掛けてから次々とスタートしてゆく。多くのチームがシートベルトを装着しやすいように細い糸でベルトを吊り下げたりと工夫していた。

こうして、長い耐久レースが始まった。心の中で（ヘッドガスケットよ、何とか持ってくれ！）と祈りながら、周回を重ねて行く担当車両を見守る。レース中は何が起きるか解らない。メカニックはピットサインをドライバーに提示すると同時に通過してゆく車の排気音を聞いて調子を判断したり、ドライバーの様子を観察したりする。タイヤがパンクしたりオイルが漏れだして白煙を吹いたり、どこかが壊れたりとアクシデントはつきものだ。異常が発生していないか目と耳と鼻を働かせ、一秒でも早く異変を感じ取らなければならない。

チームの願いをのせて順調に周回を重ねてゆく。レース序盤が過ぎ、落ちついてきたので「大丈夫」と思った頃、予定外の周回数でピットロードに滑り込んできた。「水温が上がっている！」。ドライバーが大声で叫ぶ。（ヘッドガスケットが吹き抜けた！）と、残念ながら最悪の状況は即座に判断できた。

ここでリタイアするのは簡単なことだが、まだまだレースは始まったばかりで、半分も経過していない。（よし！　ヘッドガスケットを交換しよう）。このままリタイアでは悔しい。ヘッドガスケットを交換したら、どんなに頑張っても順位は知れている。それでもリタイアするよりかましだ、チャレンジしてみよう。一秒でも無駄にしたくない。緊急時の思考回路、決断は早い。すぐに作業を開始する。度々、ヘッドガスケット交換を行っていたので、良いか悪いかは別にして短時間でできる自信があったことも、レース中にヘッドガスケット交換を決断した理由である。当然ながら、他のライバルのメカニック達も興味深そうに私たちの作業を見つめている。最初にラジエター冷却水を抜き取り、ラジエターホースも抜き取る。ヘッドカバーを取り外し、シリンダーヘッドボルトを緩めてから取り外す。長いネジ山なのでスピードレンチという手回し工具を使用しスピーディに行う。カムシャフトが組み込まれたシリンダーヘッドは凄く重いが（火事場の馬鹿力）という諺があるように、ガバッと持ち上げ取り外す。ここで初めてシリンダーヘッドガスケットを新品と交換

の神様が微笑んでくれないと勝てないこともある。運も勝敗を大きく左右する一例と言える。

ピットインしてヘッドガスケット交換

　勝負の世界は一戦一戦、競争相手の性能を少しでも上回らなければ勝利はもぎとれない。そこでバルブ径拡大、最適圧縮比の追求、最適点火時期の追求、ポート形状の最適化、燃焼室形状の変更、カムシャフト変更、最適バルブタイミング追求、足回りのセッティング等を追求したりと、ありとあらゆる手立てを考え、エンジン＆車両に盛り込み、次のレースに挑む。何もしなければ勝負の結果（順位）は自然と決まってくる。ライバルも同じように努力や工夫を盛り込んでくるのが勝負の世界なのだから。

　フェアレディ2000（SR311）に搭載されていた2000cc・OHC4気筒・U20型エンジンも、性能を極限まで引き上げないと勝てなくなってきていた。チューニングの常套手段として圧縮比も極限まで高められた結果、レース中にヘッドガスケット（シリンダーヘッドとシリンダーブロックの間に挟まれている薄い板）吹き抜けトラブル（板の一部分が圧力で破れてしまうこと）に見舞われる頻度が増えてきた。鈴鹿サーキットで行われた耐久レースに参戦した時も、一番の問題点は（ヘッドガスケットが吹き抜けないでチェッカーを受けるまで耐えてくれるかどうか？）にかかっていた。

　幸いにもサーキット内の宿泊場所に泊まるので、夕食が終わった後で、自分の担当する車両のヘッドカバーを取り外し、ヘッドボルト増し締めを行って、翌日のレースに備えた。車両の安定性を得るため、最低地上高は規則の10cmを確保し、ギリギリまで下げられていた。それに加えてフェアレディの車両は元々から乗用車と異なり地を這うように低い。エンジンは車両の中心位置に搭載されている関係で、ヘッドボルト締め付け作業を行う時はフェンダー側から大きく腰を曲げて行わなければならないから、腰に大きな負担が掛かってくる。

　一夜明けて…レース本番を迎える。富士スピードウェイと違って、鈴鹿サーキットの雰囲気や運営はとても楽しめた。親子連れでサーキットに来ても隣の遊園地で遊べる。

　スタート前、観客席中央からドライバーがアナウンサーの紹介を受け、中には手を振りながらコース上に登場してくる者もいる（この時とレース終了後の表彰式に観客席中央のガードレールが数10m開かれる）。これから始まるレースを見に観客

ドライバーの表情も普段の様子から様変わりして勝負師の顔へと変貌している。スタート前の緊張を和らげる会話も必要だが、必要最小限度の会話が多い。「問題なし？」「ＯＫ！」。スタート3分前のプラカードを持った女性がコース中央に歩み出て高く差し上げる。ドライバーは3分前が表示されると車に乗り込み、メカニックはシートベルト装着を手伝いドアを閉めるとスタートまで分刻みとなる。目と目を合わせ、「頑張って！」と暗黙の会話を交わしたり、親指を立て「グッドラック」「行け！」など様々な思いを伝えたりする。

　改造範囲の多いカテゴリーやＦ3などのフォーミュラカーなどは、始動時のセルモーター駆動の電力を供給するためのバッテリーブースターケーブルを接続して始動を待つ。スタート3分前の合図が提示され、各車一斉にエンジンを始動する。メカニックは始動を確認したらブースターケーブルを取り外し急いでコースから退避する。

　スタートを待つ間、心臓はバクバクと次第に高鳴ってゆく。（Ｍタイヤのままでゆけば良かったかな？）と、後悔の気持ちも脳裏を横切る。コースインからスタートまでの時間が、めちゃくちゃ長く感じるのも、雨の降り方が刻々変化することと無縁ではない。

　そんな中でシグナルが青に変わり各車一斉にスタートした。ピット側から第1コーナーは見えない。100Rに注目していると最後尾で姿を表し、ヘアピンを立ち上がるが、ノーマルタイヤの宿命で大幅に横に滑って大カウンターを当てて立ち上がっていった。その瞬間に頭をよぎった感想は「失敗した、雨よ、もっと強く降ってくれ」と念じながら唇を噛みしめた。

　コースインした頃と比べると、富士山方向の西側の空がうっすらと明るさを増している。雨脚も少しずつだが弱くなってきているようだ。（だめだ、賭けに敗れた？）そう解っても周回数の少ない短距離レースなので、もう、どうすることもできない。

　2周、3周するほどに状況は悪化するばかりで好転の兆しはなく、望みは儚くも消えさってゆく。ヘアピンコーナーはサーカスよろしく大カウンターステアのオンパレード。車体もカニ走りに似て横向きに大きくスライドしながらヘアピンコーナーを通過してゆく。だから「ウワォ！」とみている人達から思わず驚きの声があがるほど。

　観客の注目はいやがうえにも高まるし、レースファンへのサービスとしては大成功だったかもしれないが、私の打った賭けが音を立てて崩れ落ちて行くことを感じていた。周回を重ねるほど、どんどん引き離されていった。この天候の変化は、私たちに味方してくれなかった。この事例のように、勝負事で勝利するためには勝利

大雨のレース、ノーマルタイヤで大勝負

　富士スピードウェイは、3000m級の富士山に近い位置にあるため、天候が急激に変わることが多い。現代も一部地域で記録的な豪雨を記録しているが、当時でも降り出した途端に、パドック（競技車や競走馬がレース前に集う広場のこと）やコースがアッという間に10cm超えの河川状態になって驚いたことがあった。また、鈴鹿サーキットでは、メインスタンドが晴れていてもピットから見えない遠くに位置する西コースに雨が降ってくることもある。

　大森ワークスに配属されて間もない頃は、レーシングタイヤとしてダンロップＭタイヤしか存在しなかった。当然ながら、晴天でも雨天でも当時はＭタイヤを使用するしかなかった。そんな状況下、71年頃、富士スピードウェイで行われたレースに、大森ワークス・寺西孝利選手・ブルーバード510のメカニックを担当した。

　あるドライバーはこう言っていた。「レースもギャンブルなら結婚も就職も人生すべてがギャンブルだ」。私の性格も、どちらかといえば勝負師魂が強いほうかもしれないし、すべての競技はどこかに賭けの要因がついて回る。

　前日に行われた予選は快晴であったが、レース本番当日は朝から小雨が降っていた。レース開始時間が近づくほど雨足は一層激しさを増してきた。予選順位も優勝を狙うには難しい順位にいる。悩みに悩んだ末に（サーキットまで乗ってきた社用車が同じブルーバード510だったので、そのノーマルタイヤに履き替えてみよう！）というアイデアが浮かんできた。そこで寺西選手に私のアイデアを打ち明ける。スタート時間までの余裕時間から計算すると、あまり時間を掛けて打ち合わせ出来ない。たとえ余裕時間がたくさんあったとしても結論は「やるかやらないか」というどちらかの決断にかかっている。「よし、やってみよう！」と、二人の結論が出るまで、それほど時間はかからなかった。

　いざ交換と決まればタイヤ交換作業などはレースメカニックにとって手馴れた作業だから10分前後で終了、ギリギリの余裕であったが、無事にコースインに間にあってコースを一周回ってスタート位置に並んだ。

　予選順位に従って指定された停車位置に車が停止すると、担当メカニックは車に駆けつけドライバーとレース前の短い会話を行う。レースカテゴリーの違いによって多少異なるが、普通車ベースで改造範囲の少ないレースは手ぶらで車に行く。この頃はトルクレンチを持って行き、タイヤ締め付けを最終チェックしたりした。当然のことながらレース前の一周でエンジンや車両に問題が出た場合、その場では修理出来なくてピットスタートとなる。

所に集合する集合部の製作である。レースの戦いはコンマ一秒の速さを競い合う競技であり一切の妥協は許されない。一目見て芸術的な美しさを持った集合部がそこにあった。

私は、清水板金の名人技を助手として見て盗んできた。昔の職人は丁寧に教えてくれない。「見て盗め」が一般的な指導法だった。岡田製には、とても叶わないが、見た目だけはそれなりに見えるデュアルエキゾースト・マニホールドを製作するのに、それほど時間は掛らなかった。

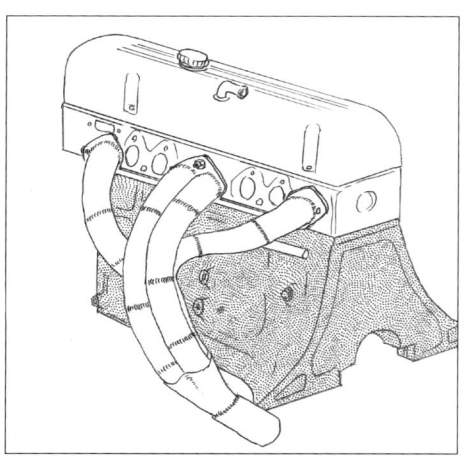
岡田鈑金製の手造りデュアルエキゾースト・マニホールド

現在の綺麗な製品と違い、悪く言えば、つぎはぎだらけのジーンズみたいな芸術品ともいえる。

レース中に運悪く、溶接したデュアルエキゾースト・マニホールドの一ヵ所に亀裂が入ったことがある。すると優勝を争っていた車が、アッという間に、どんどん引き離されてしまった。

こんなトラブルの際に、今であれば車載無線で詳しい指示や状況のやり取りが可能であるが、当時はそんな便利グッズなどあるわけがない。

ドライバーは、あの手この手でトラブルをピットに伝えようとするが、とても難しい。そんな中、トラブルをピットに伝える名人がいた。都平健二選手「通称・とっぺいちゃん」である。ピットの前を通過する際、前方のエンジン方向を指差した後で、手首を中心にして手をブルブルと素早く振った。誰もが思わず笑ってしまう動作であったが、解りやすさ抜群だった。

読者の皆様も是非覚えておいてほしいのが、この排気系からの排気洩れ。市街地を走る一般車においても、洩れていれば、そこのところだけ排気ガスで黒く汚れている。ディーラーでも整備工場でも熟練でないと見落としがちとなるが、ほんの些細な排気漏れが発生したとしても、思っている以上に大幅な性能ダウン、燃費ダウンに繋がってしまう。

何倍も厳しく実施される。

　今ではフジツボさんなど社外マフラーが豊富に設定されていて、簡単に購入し交換することが出来るが、時代はまだまだそこまで発展していなかった。加えて、レース用だから、他車に比べ少しでも性能アップを図るための努力は欠かせない。その性能アップの中でエキゾーストマニホールドは重要な部品の一つである。純正品はコストや生産性重視のため、重たい鋳物製の排気管だった。そこで性能向上を図る目的で、1気筒1本のパイプがくねくね曲がりながら1本に集合するデュアルエキゾースト・マニホールド（通称タコ足）が理想的構造となる。

　丸いパイプを自由に曲げるのは、そう簡単なことではなくて、大がかりな専用機械を必要とする。一般車両をレーシングカーに改造するには、エンジンやミッションを車両から降ろし、レースに不必要と思うエアコン、パワステなどすべて取り外すため、広い作業面積を必要とする。いくら大企業の日産自動車といえども東京の一等地という限られた敷地内に排気管製作のための大型設備は導入できない。

　しかし、パイプを1ヵ所だけ手加工で曲げるだけでも熟練の技を必要とする。

　まず、パイプの中に鋳砂（鋳型を作る時に使用する専用砂）を硬くなるまで詰め込み、木片を叩きこんで蓋をする。万力にパイプをくわえ固定し、曲げたい箇所をアセチレンバーナー（溶断するための大型バーナー）で、万遍なく真っ赤になるまで炙ってゆく。場合によってはパイプの先端に外れないように「重り・分銅など」を釣り下げる。内部に鋳砂を詰め込むのはパイプの潰れ防止目的のためだ。

　こんな大掛かりな作業を繰り返し行って、必要とするデュアルエキゾースト・マニホールドを製作するのは非現実的な作業だと、すぐに解ることだろう。

　そこを、どうやって解決するのか？　どこから探してきたか解らないが、色々な曲がりの異なる短い鉄パイプを沢山持ってきたのが外注請負の岡田板金屋さんだった。エンジン単体を台の上に置き、最初にエキマニ取り付け部分の厚い鉄板を加工する。そこにパイプを溶接し、4気筒なら4気筒、6気筒なら6気筒が等長（同じ長さ）になるよう計算しながら、蛇がからみついたように曲がりくねったパイプを知恵の輪のように組み立てながら溶接してゆく。1本の長さが5cmの時もあれば20cmの時もある。いかにスムーズに繋がるかもポイントになる。それでも1ヵ月もあれば立派なデュアルエキゾースト・マニホールドが完成する。

　この作業が非常に難しい理由は他にもある。エンジンを車両に搭載した際に、ボディと干渉しては使い物にならないし、最低地上高も規定の高さ以内に収めなければならない。エンジンを車両から降ろした状態でボディとの余裕スペースの検討をつけるのに高等技術を必要とする。もう一つの重要なポイントは4気筒、6気筒が1ヵ

受講生は自分のレーシングカーで参加しコースを走行できた。同乗走行の時間まで、コースを走り、同乗走行でプロのアドバイスを受けた後で、今度は自分の車でアドバイスを思い出しながら走行することでテクニック向上が図れる仕組みだ。

　このスクールだけではなく、レース開催時の部品販売、技術相談、無料整備など、これほど手厚くメーカーが一般ユーザーを支援していたことを一般の方は知りうる機会は少ないが、日産自動車がレース発展に貢献した裏方での功績は大きい。

　詳しい講習内容は

　受付・9時〜9時30分＝保険加入手続き

　車検指導・45分間＝レース車検の受け方指導、安全装備点検

　座学・45分間＝走行上の注意、ライン取り

　サーキット走行・1時間＝同乗走行含む

　昼休み

　座学・45分間＝雨の日、スピンした時の対処法など

　サーキット走行・1時間＝同乗走行含む

　※終了前にスタート練習実施

　講評と質疑・45分間＝生徒の走りを観察した講師が講評

という、本格的な講習会であった。勿論、講習内容は、天候や開催コース開催年数を重ねることで一部が変更されたり新しい試みが追加されたりした。

岡田板金製、手造りエキマニに感動

　大森に配属され新たに解ったことは、外注業者（岡田三郎氏）が出入りしていることであった。ノーマル車をレーシングカーに改造する過程で、ボディ改造を伴うことが多い。斉藤自動車工場で出会った清水板金さんのように、板金作業は専門的な熟練の技を必要とする。レーシングカーになると、一般板金作業と異なり、レーシングカー改造を熟知した板金屋さんや塗装屋さんの技術が求められる。現在でもそれは変わっていない。ただ技術が優秀でも務まらないのは、レース規則書（レギュレーション）を理解して改造を行うことになるため、その知識や技術を有する人はごく少数に限られた。

　サニーTSレースの時に、空気抵抗を減らす目的で、ルーフ左右に設けられた雨水を受け流す1cmほどの溝（ここにメッキモールが付けられていて、そのモールは軽量化の目的で取り外した）をハンマーで叩いて車検に行ったら…「（ボディ改造が）違反だから直してこい」と車検に落ちた。この例が示すように普通の車の車検より

ストックカーレースが再開される

　1968年（昭和43年）のある日、積載車にタクシー上がりのセドリックが積載され、工場の前に停まっていた。すぐ脇に鈴木誠一選手が立っていた。
　「この車どうするの」と、私がたずねると、「ストックカーに改造する」。子供のような笑顔で鈴木選手が答えた。「エッ！ストックカーレース？」
　それまでの日本では、あまり馴染みのないレースであった。その理由は、日本のレースはヨーロッパ規則に準じるが、NAC（日本オートクラブ）主催で行われるストックカーレースはアメリカナイズされた独自の規則とライセンスで行われる。アメリカのレースはヨーロッパの規則に関係なく独自のレースだ。オーバルコース（楕円形）で行われるインディ500（走行距離500マイル＝805km）耐久レースや、最高速度が360km/hに達し、参加台数が40台以上で争われるNASCARストックカーなどが有名である。日本や欧州などの曲がりくねったコースと異なり、圧倒的なハイスピードで台数も多く観客席から見える範囲も広いためスリリングで迫力満点のレースを楽しめる。日本では1963～65年にかけて7回ほど開催されていた。
　このストックカーレースの規則に合わせ車両を改造し、鈴木選手が参戦することが解った。この車の改造は私が担当することになる。まずやることは、エンジン、ミッションを含めすべての部品を取り外し、ボディだけにする。軽量化のためにすべてのアンダーコート、防水シール類、レースに不必要なラジオ、エアコン＆ヒーター、ホーン等、装備類を徹底的に取り外すことから始める。少しでも軽い方が有利であることは基本中の基本である。
　改造はレース規則書に沿った形で行われ、ロールバーは特に頑丈に作られるためロールケージと呼ぶ。重くなっても安全対策は抜かりなくやる。
　その後、このストックカーレース参戦のため、新たに、須田祐弘選手、田村三夫選手と契約する。彼らの乗るグロリア（1966年8月発売。日産プリンス合併後で細部が異なるだけ）は社外の協力店にて改造メンテナンスを行い、契約は74年まで続く。
　セドリックのボディ改造も順調に進み、レーシングカーとして完成する。大森はエンジンのチューニングから駆動系のミッション、デファレンシャル組み換え、ボディ＆サスペンションの改造など、すべて行っていた。この頃は大森分室が立ち上がって1年ほどしか経っていなかったため、まだエンジン班とかシャシー班などと明確な区分はなかったため、数名ですべての作業を行っていた。
　エンジンもポート研磨など基本的なチューニングが施され、完成したシャシーに

搭載された。排気管は当然ながら手作りのデュアルエキゾースト・マニホールドに改造された。

この車両は大森を離れ、鈴木誠一選手が後にサニー1200で優勝する黄色ペイント、カーナンバー84番に仕上げられる。その後、東名自動車、丸善テクニカとなり参戦することになる。

8月4日に開催される《第8回ストックカーレース》、富士スピードウェイ4.3km左回りにエントリー（参加申し込み）された。ちょうど、日産自動車が夏休み休暇に当たるため、このレースにはメカニックとして行くことはできなかった。

私は独身寮で仲良くなった島田氏と一緒に1週間の北海道旅行を計画していたため、他の仲間に託し、北海道に旅立つこととなる。当時は上野から夜行列車で青森まで行き、青函連絡船に乗船して北海道に渡った。船上で青森弁らしき会話が耳に入ってきたが、外国語を聴いている感じで、意味がまったく解らなかった。

その青函連絡船も今はない。北海道のホテルや旅館のお風呂は当時、混浴が普通であった。でも脱衣場は男女別々なので何も知識がない二人は無知だった。風呂場のサイズが段違いに大きく、岩や樹木が浴槽に配置してあったりして身を隠せる工夫が盛り込まれていた。それでも初めて脱衣場から風呂場に入った途端、遠く湯煙で浮かび上がった女性らしき体型を見て（大変だ！間違って女性風呂に入ってしまった！）と、慌てて飛び出したが脱衣場は間違っていなくて、しばらくして混浴と気がついた。

島田氏に「混浴だ！」と報告して、二人で入った時には女性の姿は忽然と消えていた。その理由もすぐに明らかになった。解りにくい位置に男女風呂を自由に行ったり来たりできる通路が設けてあった。二泊、三泊して他の旅館に泊まっても、同じような造りで（北海道はおおらかだな〜）と驚いた。

旅も3日目に入り霧の摩周湖に到着したが、名前の通りの濃い霧に覆われて湖は何も見えない。湖の小さな土産物屋のおばさんに「湖の湖畔に行けるの？」と、尋ねてみたら、「この間も、おりてはいけない所から下りようとして落ちた人がいた。この先（右側を指差し）数百m行くと降りる場所があるから行ってみたら」と、思いがけない言葉が返ってきた。さっそく探すとあっけないほど簡単に降りる入口がわかり、20分ほどで簡単に湖畔に降り立つことができた。その頃の摩周湖は透明度世界一を誇っていたので湖の水は透き通り、重く垂れこめた霧は湖面から30m上空で滞っていたため遠くまで視界が開け、中央にあるカムイシュ島（中島）と呼ばれる小島が見える幻想的な景色が出迎えてくれた。湖畔にテントを張って佇んでいた人が見えたが、私たちを含め数人しかいなかった。この話は68年の出来事であり、

1968〜71年と人気を集めたNAC(日本オートクラブ)主催の国内ストックカーレースは、新旧セドリックが参加者の大半を占めた。霧に霞む広島県・野呂山スピードパークの開幕戦にて。1970年5月5日《ストックカー呉200kmレース》

　その後、透明度も低下してゆき、湖畔への立ち入りも禁止されている。
　《第8回ストックカーレース》は70周で争われた。規則は国産量産車の排気量2000ccと決められているため、参加車両はセドリック、グロリアが大勢を占め、クラウン1台、デボネア1台、ベレル1台を含む総計30台と盛況の中で実施された。
　スタートから鈴木誠一選手セドリックは他車を引き離しトップを独走する。3年ぶりのストックカーレースということもあり、思わぬトラブルに突然見舞われた。当時、プロペラシャフトは長い一本棒のシングルタイプであったため、通常より高回転を多用するストッカーレースだから限界付近で走行を続けた38周目にプロペラシャフトは遂に限界に達した。「グワワシャーシャン!」とシャフトがぶち切れてリタイア。下手をすればボディを突き破ってドライバーを襲ったかもしれない重大なトラブルであった。優勝は伊能祥光選手のセドリックが飾る。
　北海道の旅から帰って結果は知らされた。当時は携帯もインターネットもなかった時代なので、知る手段は少なかった。
　リタイア原因となったプロペラシャフトは、その後二分割、センターベアリング形式に対策され、東名自動車に移管され68年11月23日と、69年3月23日の富士のレー

スに於いて、鈴木選手は2連勝を飾る。

　NAC（日本オートクラブ）が72年にJAFを脱退したことでストックカーレースは73年以降消滅寸前にまでに至るが、JRSCCというクラブが引き継いで80年代末まで細々と開催を続けた。

あの星野一義選手がやってきた

　1969年（昭和44年）の秋に、あの（後に「日本一速い男」という異名や愛称で語られる）星野一義選手が大森ワークス契約ドライバーとなる

　2輪で活躍していたドライバーのテストが富士スピードウェイで行われるという話で、3台のスカイライン2000GTR（PGC10）を我々は用意する。テスト結果は3人の中で、22歳の星野一義選手（1968年全日本モトクロス90cc、125ccチャンピオン）と、本橋明泰選手（ヤマハ発動機所属・2輪世界GPライダー）の2名が日産大森ワークス契約ドライバーとして決定する。この頃は4輪レースが花開いた時期であり、2輪レーサー（主にモトクロス）から4輪ドライバーに転身することが多かった。

　67年9月に大森ワークスとして現場が立ちあがり2年間が経過したばかりであったため、メンバーの中にはレーシングメカニックに不慣れな人もいた。その理由はエンジン実験から転属してきた人もいたので、レーシングカーの整備やピットマンとして働くための知識や技術はゼロからの始まりであり、短期間で身につけることは難しかった。だから（どのような理由で大森に来たのかな？）と、疑問に思える人もいた。小さな会社であれば「飯よりレースが好き」みたいな人の集まりが普通だ。

　つい先日の大森OB会の集まりで私の仮原稿を読んだ星野一義氏が当時を思い出し幾つかのエピソードを語ってくれた。

　遠く過ぎ去った今だから書けることだが。「スカイラインに初めて乗った時、○○○さんから声を掛けられた」『星野さん、車から降りてください。足回りが壊れています』「エッ！どうして？」と、疑問に思いながら車から降りると、フロントタイヤを指差された。（？？？どこもおかしくないが…？）「サスペンションが折れています」（？？どこが…？）。するとタイヤを指差し「タイヤが曲がっている」。

　レーシングカーは高速でコーナーを安定して走行できるようにキャンバー角（タイヤの傾き＝人がコーナーで体を傾けるのと似ている）が前方から車を見るとハの字に見えるくらい強めに付けてある。それをサスペンションが折れたと勘違いしていたことが判明する。

（えらいところに来ちゃったな、本当に大丈夫かな？）と口には出せないが、星野選手は思ったそうだ。

　もう一つの事件も笑い話で語れるから良いけれど、一歩間違っていたら「日本一速い男」は存在していなかったかもしれない大事件。

　一般車であっても少しでもハンドル（ステアリングホイール）が曲がっていたら運転がやりにくい。理想は両手の親指をスポークに掛けやすい10時10分の位置となる。高速度でコーナーを攻めるレーシングカーであれば、ほんの少しのセンター位置のずれでもドライバーは違和感を感じ取る。

　そこでピットインして「ハンドル位置が少し狂っている。直してほしい」と、星野選手が担当メカニックに伝えた。「解りました」メカニックはすぐさま修正作業に取り掛かった。通常であれば5分前後で終了する簡単な作業なので車から降り、すぐ近くで作業を見守る。

　昔のステアリングホイールは現在装着されているエアバッグなど付いていない。真ん中にある小さく丸いホーンボタンをマイナスドライバーの先で「チョコン」とこじれば、ホーンボタンは簡単に取り外せる。その内側奥にステアリングホイールを固定するナットを緩めて取り外す。「ポン」とホーンボタンが取り外されたのでメカニックと共に中を覗き込むと、「エッエ〜〜ッ！」。そこに取り付けナットは見当たらない。あまりの出来事に事情が呑み込めるまでほん数秒間、時間が流れた。な、なんとステアリング取り付けナットが付けられていない状態であった。（エエーッ、もし走行中にハンドルが外れてしまったら…生死に関わる大パニックに陥る。特に高速コーナーの100Ｒ付近で発生していたらと思うとゾッとしてしまう）。少し経ってから（本当に良かった、と胸を撫で下ろすと共に恐怖が襲ってきた）。今だから笑い話で懐かしく語れるが、当時は公になっていない。

　この頃は、この他にもミッションオイル入れ忘れ、デフオイル入れ忘れなど考えられないチョンボも発生していた。その人は大森に向いていないと悟ったためか、数年で他に転属している。

　新人ドライバーは、いきなりビッグレースにエントリーすることは出来ないので、最初は1969年11月3日の《富士スピードフェスティバル》にスカイラインGTR（PGC10）で初参戦し、星野選手4位、本橋選手9位となる。翌年2月22日・鈴鹿サーキット西コースで開催された《東京クラブ連合レース第1戦》では見事本橋選手1位、星野選手2位でチェッカードフラッグを受ける。車が大森ワークスカーであることを考慮すると軽い腕試しだったが、これが「日本一速い男」の最初の第一歩である。その後、本橋明泰選手は1年後にヤマハがワークス活動を再開することに伴い2輪

に復帰したため、星野選手のみが大森ワークスに残留する。

　星野選手と本橋選手が大森ワークスドライバーとして契約したという話は、瞬く間にレース関係者に広まった。自分たちの資金を投入しレース参戦しながら「いつかはワークスと契約したい」と夢見ていた若手ドライバーにとって「おもしろくない」出来事だった。「今度のレースでいじめちゃおう」となった。そんなことなど知る由もない星野選手・本橋選手は、1970年3月15日《富士フレッシュマンレース第2戦》にエントリー、予選3位・星野選手、5位・本橋選手で本番レースをスタートする。すると○○選手と△△選手が幅寄せなど危険な走行を仕掛ける。それを見ていたピット責任者の大森ワークス・蒲谷氏は「今は新人ドライバーの実績づくりが最大の目的である」と判断し、両者に緊急ピットインのサインを提示しピットインさせ、そのままリタイアさせた。当日、レース観戦していた観客などにはリタイア原因など放送されないため真のリタイア原因など分からないが、裏にはこんな逸話が隠されていた。

　プロのゴルフトーナメントも男子の場合は3日間競技が行われる際は、前日にスポンサーやゲストなどとプロアマ戦が開催される。同様に、レースの場合も土曜日が予選、日曜日に本番（レース開催）が一般的な日程なので、レースの大きさやチーム事情にもよるが、予選の1日前か2日前に現地に入り、各種準備やテスト走行が実施される。当時は予選の前日になってカーナンバーが決まり、スポンサーのステッカーが渡され、カーナンバーの向きや大きさ、記入する場所、ステッカーを貼りつける場所などが規則書によって細かく指示された。

　現在はチームやドライバーがスポンサーを獲得するが、当時は主催クラブがスポンサーを集めていたため、現在とは大きく異なっていた。主に、STP、NGK、OKマークの岡本理研ゴム、SOLEXステッカー等をフロントフェンダー主体（カーナンバーの前側）に貼りつけた。

　私だけが行う儀式は、大会規則にのっとり、ボンネット、左右ドアの3箇所にカーナンバーを水性ペイントで下書きなしに記入する。左右ルーフにドライバー名を記入しなさいという規則もあり、斉藤自動車勤務時代に培った看板屋の技術が役に立った。

　水性ペイントは一度乾燥すると大雨の走行でも簡単には剥げ落ちない。レース終了後に水で洗い流しながら強くこすれば落とせるという便利さから選んだ。この頃は、富士スピードウェイ、鈴鹿サーキット、筑波サーキットと戦いの場も変わり、誰がどの車に乗るのかも決まっていなかった。富士スピードウェイにバンクが存在し、右回りフルコースのレースもあれば左回りショートコースのレースもあった。

また管制塔からカーナンバーが読み取りやすくする目的で、ボンネットに記入するカーナンバーが45度斜めに入れるように指定されたりとレギュレーションに沿って、その都度向きが変わった。その後、カーナンバーが野球の背番号のように固定されたため、ペイントやステッカーで貼り付けるように変わったのは、ずっと後になってからのことである。

　ある時、自動車ライターの横越光広氏が大森ワークスカーの体験試乗を行うためにサーキットを訪れていた。私のハンドフリーペイント作業を見ていて「メカニックは器用でないと務まらないね！」と驚いてつぶやいた。

　新しく入ってきた星野一義選手も私の器用さを知り、ある時、声を掛けてきた。「俺のヘルメット、ペイントしてくれないかな？」。二つ返事で引き受け、星野選手のデザイン指示で、黄色い帯をスプレーでペイントする。このヘルメットが第一号となるが、私は残念ながらヘルメットメーカー名までは記憶していなかった。ところが2016年2月27日・大森ワークス50周年OB会が開催された会場にて、仮原稿を渡してしばらくすると「ヘルメットはベル（BELL）、ベルだよ」と星野氏が教えてくれた。

　その後の活躍はアライのヘルメットを愛用するが、デザインは第一号ヘルメットを継承した。

　大森契約ドライバーとなった星野一義選手にはフェアレディ2000（SR311）が貸与された。私が23歳、星野一義選手22歳と、私より一歳年下になる。

　まだ契約して間もない頃のこと、富士スピードウェイのコース入口を過ぎると右側は最終コーナーとなり観客席がある。コースを挟んだ向こう正面に大きな駐車場があり、この駐車場はジムカーナのコースとしても使われていた。

　なぜか私と星野選手の二人きりで、ジムカーナとまではゆかないが、この駐車場で軽く走って二人で楽しんだ。私は会社の社用車（複数台あったので車種名まで記憶していない）で走り、星野選手は貸与されたばかりのフェアレディ2000で走った。奥の方に（最終コーナーに近い方）に一ヵ所、細かい砂利が路面に数m幅で散乱している所があり、そのコーナーに私がゆくと車は滑って上手くコントロール出来ない。星野選手が2輪レースから4輪に上がってきたことは知っていたので、勝気な私は「負けるものか」と内心では思っていたが…。

　星野選手は滑りやすい砂利の上でも滑ることなく綺麗に回ってくる。何度挑戦しても私の結果は同じで、自分の腕の下手さ加減、運動神経の無さを心の中で嘆いた。星野選手が笑って言った。「下手だね」。

　私は自分でも下手だなと感じて笑顔で返すだけだった。そして心の中で自分の持

ち味、メカニックに専念しようと強く心に誓っていた。まだ星野選手が大森に来てから、それほど経過していない頃のエピソードである。

　物の考え方は日本と欧米で大きく異なるようだ。長所をほめて伸ばすのが欧米流で、欠点を努力などで伸ばすのが日本流の思考方法。どちらが良いとか悪いとかという話ではなく、自分の持ち味を生かした方が単純に生きていく上で気楽で楽しい。星野一義選手の名前が有名になるのは、この出来事より、もう少し待たねばならない。先輩の鈴木誠一選手、黒沢元治選手、都平健二選手、長谷見昌弘選手などに加え、北野元選手、砂子義一選手、高橋国光選手等、越えていかなければならない大きな壁が立ち塞がっていた。

　持ち前の根性と、人一倍の努力に加えて、追い風となったのは戦闘力の弱かったサニー1000に変わる二代目サニー（B110型）が1970年1月に発売、4月にはSUツインキャブ搭載の1200GXが追加され、10月には日産初となる前輪駆動（FF）チェリーが新登場、X1-Rにはサニー1200GXと同じスポーティエンジンが搭載され、レースでの戦闘力が飛躍的に高まったのも味方した。

　（追いつけ、追い越せ）と、内心に秘めた強い闘志で誰よりも長時間にわたって追求した星野選手の頑張りも忘れてはなるまい。本人も集まった時に「俺が一番長く乗ったよね」と何かにつけて公言していた。それこそ走り込んで走り込んで腕を磨いた。一流と呼ばれる多くの人は、このように陰ながら人一倍努力をしているのである。長谷見選手は天才タイプなので、レースもゴルフもスキーもあまり練習しないで結果を残す。「下手の人をマネてはダメだよ。上手な人をしっかり観察してマネすることだよ」と真髄を教えてくれた。

歳森康師選手、ハプニング事件

　レースは一瞬先に何が待ち構えているか予想できない。だからドキドキさせられる。突然、スピン（横滑りや回転）、コースアウト、スポンジバリアなどにクラッシュ、追い越しの際の接触事故、タイヤバーストなどが眼前で展開するから、観客もどこかでアクシデントに期待して観戦している。このアクシデントも鈴鹿サーキット、レース本番中に発生した。

　レギュレーションの規定により安全装置としてカット・オフ・スイッチ（内部及び外部から主電源を切るスイッチ）や消火器搭載を義務づけられているため、一般家庭にもある小型粉末消火器をTSサニー1200クーペのサイドブレーキのすぐ後ろ側に固定金具で装着していた。

レーシングカーのサスペンションは操縦性優先のため、一般車よりも硬めにセッティングされている。そのため振動がもろに消火器を激しく揺り動かす。取り付け金具の固定部分は、いざ緊急の際に短時間で取り外しのきく、ワンタッチ金具である。いざ、衝突、スピンなどにより火災が発生した場合、レスキュー隊が到着するまでの初期消火をドライバー自身が行う際、短時間でサッと取り外せなくては役に立たないし、生死にかかわる。

　この消火器も、練習走行、予選、本番レースと、数年間酷使されてくれば、当然のごとく取り付け金具も自然にへたってくる。レースに参加するためには、エンジン載せ替え、ミッション載せ替え、デフ載せ替えは日常的に行われる作業であり、その他にもタイヤ準備、スペア部品の準備など、数えきれない仕事をこなしてゆかなければならない。

　当然ながら勝敗やリタイアに直結する部分の分解整備や点検は念入りに行われる半面、普段は活躍することなどめったにない消火器の取り付けに関する点検など見逃しがちとなってしまう。また日産大森ワークスが発足し、高度成長に合わせ、契約ドライバーも増え、メカニックも次第に増えてゆき大所帯となっていたため、車両を担当するメカニックはそのつど変わっていた。

　この頃はまだ、星野一義選手担当者は誰と誰などという専属担当制ではなく、各種業務の流れの中で決まっていた。他の項目での話で解るように、レースだけが大森チームの目的ではなく、幅広い業務をこなしてゆくために、手空きの人を振り向けてゆく。だから、今回は黒沢元治選手のメカニックを担当したと思ったら、次のレースでは鈴木誠一選手の車を担当するという具合であった。このあたりは小さなチームと決定的に異なっていた。

　これも後年になるとグループCカー担当グループ、F3担当グループなどと次第に分かれてゆく。作業も、エンジン班、シャシー班（駆動系ユニット、ミッション＆デフも含む）、部品管理班と、業務分担も専業化されていった。

　このような背景が理解できれば、後から考えれば起きるべくして起きたアクシデントだったのかもしれない。実際の現場では一度製作したレーシングカーのロールバーや消火器の固定金具の状況に関心を寄せることは非常に難しい。タイヤの空気圧を測定調整したり、エンジンのオイル漏れやオイルレベルをチェックしたりと、走行前に行う作業は数えきれないほどあるのだから。

　それでも練習中はガムテープでワンタッチクリップの金具部分を外れないように軽く留めていた。問題は車検時に、ガムテープを見咎めた検査員により、剥がさねばならなくなったことだ。他の予備部品は必要により準備万端であったが、消火器

や取り付け金具の予備だけは、いくらワークスチームといえどもリストから抜け落ちていた。おまけに今まで練習中に一度も外れたことなどなかったことで、この日も、そのままの状態でレース本番を迎えていた。

　この時、大森ワークス・サニーは歳森康師選手の他に2台、合計3台体制で参加していて、私は他のサニーを担当していた。この頃は日産大森黄金時代を迎え、連戦連勝、上位を独占する最高潮の時代。

　レースは3台が上位を独占する好調な滑り出しで展開していった。レース中盤を迎えたところで、歳森選手サニーが何の前触れなくピットロードに滑り込み、ピットに入ってきた。車が停まると同時に、ドライバーが「バーン」とドアを開け車から飛び出してきた。見ると、車内は粉末消火器から噴射された消火剤で真っ白な状態で、すぐに事情は呑み込めた。

　歳森選手が事情を説明する。「消火器が外れてしまった！」「最初は何とか左足で抑え込んで走っていたのだが…」「足から外れてぶつかった途端に消火剤が噴射されて何も見えなくなった！」。後からゆっくり考えれば、よく事故に繋がらなくて無事にピットまでたどりついたと驚くしかない。本当にレースって何が起きるか解らない。

　実は日産レーシングチームのドライバーとして星野一義選手を推薦した人物こそ歳森康師氏と伝え聞く。カワサキ・ファクトリーライダー契約第1号でもある。1975年引退、2015年2月逝去、享年69歳。

　また、ある時、鈴鹿サーキットで、予想外の事件が起きた。

　あるドライバーがミッションのシフト操作を行ったときに、シフトノブ（レバーの一番先に取りついている部品）がポンと外れてしまった。レーシングカーは一般車のような小物入れなど一切ない。レース中の出来事だったため、最終コーナーを駆け下り直線に差し掛かり、大勢のメカニックがサインボードを提示する所に差し掛かると、ドライバーは深く考えないで「外れてしまったよ」とでも、知らせるために、なにげなくメカニックの方に「ポン」と投げた。

　レーシングカーの速度は凄いので、直線半ばで、時速200km/hは軽く出ている。ドライバーは深く考えていなくても、200km/h以上で疾走する車から放たれた部品はその速度で飛んでくる。メカニック達は反射神経で避けたり、「ウワッ！」と驚いたりしたが、幸いなことに直撃された人が居なかったため顔を見合わせながら笑い話で済んだ。

レース場にてエンジン盗難事件勃発

　この大事件は日産大森ワークス黄金時代に発生した。富士スピードウェイには唯一、パドック西側のガソリンスタンド横に大きな日産専用ガレージを所有していた。雨天の時や、夜間での作業などは他のサーキットでは作業場所の確保に四苦八苦したが、富士の場合だけはその心配もなく、何かとその恩恵を被った有り難い設備であった。

　冬の鈴鹿サーキットでは、走行後、パドックで車を持ち上げ下にもぐって作業していると、鈴鹿山脈から吹き付けてくる強い風「鈴鹿おろし」が体温を奪うため、容赦ない寒さに耐えながらの整備となる。春の筑波サーキットは春の嵐で周囲の畑からたくさんの砂が舞い上がり飛んでくる。真夏は広いパドックの移動も多く容赦ない暑さとの戦いにより何かと体力を消耗する。大雨でも強風が吹いても春夏秋冬、屋外で働く宿命がレーシングメカニックである。相手チームだけでなく、過酷な自然との闘いでもあった。

　この富士のガレージが他のガレージと決定的に異なった点は、掘り穴式ピット（長方形の深さ1m60cmぐらいで、四面の壁はコンクリートで固められている）で、奥の階段を降りて、下回りの作業ができる。エンジン交換、ミッション交換などは、このピットが役に立った。

　このガレージに保管できる車両はサニー・クラスのサイズであれば6〜7台も収容できる広いスペースで、ピット横には小部屋があり、ここでドライバーとの打ち合わせ、メカニックのミーティングなどを行った。底冷えする富士スピードウェイの寒い冬には、この小部屋に置かれた石油ストーブが暖を取れる唯一の助けだった。

　レースに参戦する5日前に、スペアエンジン、スペアミッション、スペアデファレンシャル、その他の予備部品、工具などを2トントラックに積み込む。2トントラックの荷台の高さは腰より少し上の位置になるが、大森ワークスが発足したばかりの頃は、A12レース用エンジンを2名か3名ほどで、手で持ち上げて載せたり降ろしたりしていた。しばらくして日産工場規定が適応され「20kg以上の重量物は一人で持ってはいけない」と通達がくる。

　そこで、エンジンを載せる台車（キャスター付）を製作。ハンドルを回すと、チェーンで巻き上がる手動式フォークリフトを台車に差し込んで積み下ろしするように対策した。このあたりも、OKが出れば短時間でアイデアを出し合い製作、速攻で業務に反映できる応用力の高さを誇っていた。

　もう1台の2トン車・パネルバンにはタイヤだけで満タン状態に満たされる。サニー

1200が3台参戦するためには、スペアエンジン2〜3機、スペアミッション2〜3機、デファレンシャルはファイナルレシオを変更したりするために、4〜6個ほど用意することになる。

　これらの準備が終わり、レース3〜4日前に現地に向けて自分たちで2トン車パネルバンを運転し、乗りきれない者は乗用車に乗って現地に向かう。レースカーは、出発前の朝方にトレーラーに自走して積載するのもメカニックの仕事となる。トレーラーに載せる時にはノーマルタイヤに履き替える。排気管にもテールに消音器を装着。この消音器も小型で消音能力の高い物を中村誠二氏が探し出してきて製作し、ポン付けした。

　私は、トレーラーの積み込みを多く担当した。この仕事は新人には任せられない。理由は簡単で、レーシングエンジンは高回転重視仕様となっているため、エンジン回転を高めないと、すぐにエンストしてしまう、専門的に言えば「低回転域のトルクがない」仕様だから、少し勢いを付けトレーラーの急勾配を登らなければいけない。半分ほど登ればフロントガラスから見える景色は上空の空のみとなる。他には何も見えない。

　登り切って、最後に運転席の真上からダイビングするかのように、前輪を凹み部分に落とし込んで停車して終了となる。「怖〜い」。急坂を登った途中でエンジンが苦しく感じたら、すぐに停止する。新人はここから自力で再スタートを行おうとして、エンジンを高回転で回し、クラッチをミートする。いくらエンジン回転を高めてもエンストしてエンジンは停止し、停まった所から再登坂することは出来ない。やがて、プ〜ンとクラッチの焼ける焦げ臭い匂いが辺りに漂ってくる。レース前にクラッチ板を痛めてしまえばスタート時に破損する確率も高まってくる。ここは一度、平坦になるまで持ち上げてもらうと、容易に前に進めることが出来る。このようにトレーラー積載は、立体駐車場の中央に正確に車を載せられるかどうかと同じ運転技術が要求される。

　現地でトレーラーからレーシングカーを引き取り、オイルレベルチェックなど簡単な点検を行う。同時にレーシングタイヤに交換、排気管後部に装着した簡易型消音器を取り外し、練習走行を開始する。富士スピードウェイは大森から近いので、午前中に走行できる場合が多い。昼休みが終わると午後の練習走行を行うが、ここで問題点が発生するとガレージに車両を引き揚げ、即座に問題個所の修理や部品点検、場合によってはエンジン交換作業やミッション＆デフ交換作業などが行われる。

　一日の練習走行やテスト走行が終了すると、ガレージに車を持ち込んで、明日に

備えて問題個所があれば点検修理、問題が無ければ簡単なチェックで終了となり、レーシングカーをガレージ内に収納してから、須走にある旅館に引きあげて一日が終わる。

　予選が終わって問題点が発生した場合は，徹夜作業になることも多い。好きでこの道に飛び込んできた人が多いので、一般の会社員より数倍働く時もあるが、全員が苦にしていない。問題点は、我々は、日産自動車（株）の社員というサラリーマンであるから、勝負の世界では就業規則が絶えず邪魔をする。この点が他のレース専門会社のメカニックと大きく異なる。

　翌日、須走の定宿を出発し富士スピードウェイに到着、いつものように日産ガレージのシャッターを開けた。「今日も一日、頑張るぞ」。各自、担当している車をガレージから外に持ち出さなければ作業スペースが確保できない。

　その時、誰かが大声をあげた。「ヘッドがなくなっている！」。ボンネットを開けて愕然とする。エンジンルームを覗くと、何と…シリンダーヘッドが、ソレックス・ツインキャブレターと共に、そっくり無くなっていた。「他の車も確認しろ！」。ガレージは急に慌ただしく大騒ぎになった。「こっちのくるまもないぞ！」と、叫び声がガレージにこだました。

　「誰かが夜中にサーキット周囲の垣根を乗り越え、ガレージ内に侵入し、盗んでいった」と、事情が判明するのに、それほど時間は掛からなかった。2台のレースカーのシリンダーヘッドが無くなっていた。

　すぐに警察に通報すると共に、車の修復に取り掛かる。スペアエンジンと載せ替えるのは慣れているため、20分ほどで終了する。エンジン交換は手馴れた作業になるのと、シリンダーヘッドが無くなっている分、作業はやりやすく早かった。

　一段落すると、盗んだ目的は何なのだ？と疑問が湧いてきた。単純に、ソレックス・ツインキャブレターと、チューニングされたシリンダーヘッドが欲しかった。大森ワークスのヘッドチューニングを知りたかった（盗み取りたかった）。

　性能の決め手は、ポート研磨にあり。ここだけはパッと見ただけで、そう簡単にツボ（秘密）を見破ることは難しい。私も日産の制服のまま他社のメカニックがレーシングカーから降ろしたエンジンのポートを少し遠目で見ようとしたら、「オオッ！」と、メカニックが大声をあげ慌てて身体で隠すのを見て思わず頬が緩んだ。「そう簡単には解らないでしょ」と。

　結局、犯人は逮捕されず、盗んだ理由は想像するだけで永遠の謎のまま現在に至っている。単独犯ではなく、複数犯であったと推定できる。その理由は夜中に富士スピードウェイの高さのある柵を工具片手に乗り越え侵入しなければならないこ

と。エキゾーストマニホールド取り付けボルトを取り外し、ヘッドカバーを外した後で、ヘッドボルトを取り外さなければならないこと。ソレックス・ツインキャブレター付きだから一人で1基分を持つのが精いっぱいであり、2基分のヘッドと工具を抱え込んで逃げるのは至難の業となるからである。

　ガラス窓が割られて侵入していたので、すぐに、鉄の丸棒が格子状に溶接され、刑務所のように厳重となったため、二度とこのような事件が発生することは無かった。

森西栄一選手と生死を分けた事故

　1967年(昭和42年)から68年にかけて、66年10月に新発売されたサニー1000(B10)ラリー用オプション部品の開発が行われた。部外者にはあまり知られていないことだが、日産大森ワークス契約ドライバーの仕事の中に、レース参戦とラリー部品開発テストの任務もあった。福島県二本松市にあるエビスサーキットでの開発テストも数多く行われ、黒沢、都平、長谷見、星野選手も、レース活動の合間を縫ってメンバー入れ替えで開発テストの走行を行っていた。このエビスサーキットは、東北サファリパークに併設されていて、いくつかのコースを有する。

　サニー1000とブルーバードのサスペンション関係・オプション部品の最終確認の目的で高山・乗鞍方面に都平健二選手、森西栄一選手と技術員2名・メカニック6名、車両4台、2泊3日の日程で出掛けた。

　確認テストも無事に終了し、高山市から帰路につく。道中は長いので昼頃に塩尻峠の諏訪湖を望むレストハウスにて食事休憩。私は高山市から都平選手の運転するブルーバードの後席に3時間以上、乗車してきたが、食事を終えて車まで戻ると車は施錠されたままで都平選手が来ていない。

　すると、森西栄一選手のサニー1000(今回のテスト車)助手席に乗車してきた中村公男技術員（私と同名）が先頭車両に乗り換えるのが見えた。森西選手の助手席ドアは開けられたままで、「誰か乗らない」と近くに見えた私に声を掛けながら助手席シートを指さした。

　成り行き上、あまり躊躇することなく「乗ります！」と、助手席に滑り込む。レース用4点式シートベルトが装着されていたが腹部だけシートベルトを「カチャ」と締めこむ。このサニーは、ラリー仕様に改造され、タイヤも悪路走行用のブロックパターンのタイヤが装着されていた。

　レストハウスを出発して5分と経たないうちに、白いファミリアが凄い速さで私

達の車をスパッと追い抜いた。すると森西栄一氏のラリー魂に火が付いたのか間髪をいれずに追撃が開始されるのを感じ取った。

　大森に配属され、普段は誠実で爽やかな笑顔で人を惹きつける温和な人柄で信頼していたから、なおさら驚いたが私にも身に覚えがある。(やばいかも…)と、その場の雰囲気を感じ取り心の中でつぶやく。いやな予感が冷たく背筋を走る。その嫌な予感は5分もたたない内に突然牙を剥き襲いかかってきた。

　下り坂が終わり平坦路に変わるのに、それほど時間は掛らない。中央車線がある狭い直線道路、ほんの少し登って下る小さな坂の中央を白いファミリアが目の前で下り坂に姿を消した。その瞬間に、私の目に飛び込んできた光景は、左側に掛けられた1本のハシゴだった。そのハシゴの下側が道路脇に1mほど突き出している。(森西栄一氏後日談によると、ハシゴの途中に茶色い袋が吊り下がっていて、それに人が登っているように見えたらしい)「ウアー！」と声をあげる間もなく一瞬で「クンッ」と右90度向きを変え横になったままフロントが右車線に入った。

　レーシングドライバーやラリードライバーは緊急時の危険回避テクニックとして、わざとスピンターンさせて回避するテクニックを用いることがある。(ハシゴを避けたな)一瞬、そう思いながら左側を見た。私の眼に飛び込んできた光景は…左側から(私の側面)目の前に迫りくる大型車(10トン車か)のクローズアップされたフロントキャビンが私の眼前にせまってきた…(だめだ！俺の人生は終わった！)一瞬の間に、父、母、恋人の顔が走馬灯のように頭の中を駆け回る…「ドグワシャ～ン」衝撃音と同時にフロントガラスが砕け散る光景が瞼を閉じる直前に脳裏に焼き付く。同時に左ドアが「バーン」と全開に開いた映像がフラッシュのごとく閃くと同時に、私の体はドア側に90度近く倒れこんだ。

　車体が衝撃で、元来た道の方角に押し戻されてゆくのが、眼を閉じている身体に伝わってくる。「ガーグワッ～グワーッ」と、車体が押し戻されてゆく。(早く停まれ…大丈夫だ。衝撃や痛みは襲ってこない。ダメージは受けていない…生きている。早く停まってくれ)と、念じ続けた。長く、長く感じたが、10秒前後と短かったに違い

助手席にいて九死に一生を得た、トラックとの衝突。しかし…

森西栄一選手と生死を分けた事故

ない。念じる内に（後から解ったことだが数10m引きずられていた）やっと停止した。（停まった！…助かった！）

　後から聞いた話だが、森西氏は一瞬、助手席の私の姿が確認できなくて投げ出されたと思ったと他の人に話をしていた。確かにくの字に折れ曲がり、開いたドア側に半身が飛び出した状態だったから無理もあるまい。もし、シートベルトを締めていなかったら、間違いなく衝突の際に開いたドアから路面に投げ出され即死または重傷だったに違いないと考えると、ゾッと背筋が寒くなる。

　車から降りて車を確認すると、丁度、フロントフェンダーの中心辺り（タイヤ付近）に大型車前部が衝突したことがすぐに読み取れた。（人間の運命なんて、コンマ何秒の違いで大きく変わるのだな）幸いなことは、当時は交通量も少なくて後続車が来なかったこと。トラックに衝突していなかったら、右側の民家に飛び込んだか、1～2回転スピンしてから停まったかのどちらかと思われる。

　森西栄一氏35歳頃、私が22歳頃の出来事だった。

　車から降りて車を押す時には、前を走行していた2台目の仲間が事故に気がついて駆け戻ってくれていた。路肩に寄せるため車から降りて、サニーを押していると、蒲谷さんから「無理しないでいいから」と言われ、改めて自分の身体をチェックする。粉々に割れて飛び散ったフロントガラスの欠片が当たったのか、ダッシュボードに装着されていたラリーメーターのステーに打ち付けたのか不明だが、手と足の数ヵ所に小さな傷と薄く血が滲んでいる程度の軽傷で首も他の場所も一切の痛みは感じず、無傷に近いと判断できた。

　（大丈夫だ）「念のため、診察を受けよう」と、蒲谷さんが言ってきて病院に行きレントゲンなど診察を受けるが、ふたりとも何の問題もなく、一泊して様子を見ることになった。

　翌日、事故車を引き取った業者の人が「廃車になるほど酷い損傷なのに、よく助かったね、それも怪我さえしないで」と、驚いていたという情報が後から届いた。日頃からシートベルトの重要性はレースを通して人並み以上に理解していたので、乗り込んだら習慣で「カチャ」と締めたことが私の命運を分けた。（一度死んで亡くなった人生だ。これからは神が与えてくれた新しい第二の人生、何も怖い物はなくなった。有意義に全力で生きてゆこう）と気持ちを切り替えた。

　私は信心深くないが、もしも神様が居るのであれば真面目に生きてきたことで神様が生かしてくれたのかもしれない。この事故を境にして自分の日頃の気持ちの持ちようが大きく変化する様を感じ取っていた。後日、蒲谷英隆氏が憤慨しながら「技術員のT・Mさんは、真っ先に助けなければいけない状況なのに、助けもしないで

写真をパチパチ撮っていて驚いた」と教えてくれた。その人の本質は、とっさの状況下に置かれた際に行動に表れる。

　それから1年後の1969年頃、森西栄一選手が古い中古車のブルーバード510（67年8月15日新発売・「栄光への5000キロ」で使われた車種）を工場に持ち込んできた。目的は、彼の積年の夢であった《第18回東アフリカ・サファリ・ラリー》に参加するラリー車に改造するためだったが、ここでもその役割が私に回ってきた。

　「そこはこうしてほしい」。眼を輝かして指示してくる項目を出来る限り納得してくれるまで仕様に盛り込み手直しを行い、数ヵ月かけて完成する。完成した車両は船で運ぶため本人より先に現地に向けて船便で送り出す。

　本人は1970年（昭和45年）2月7日に羽田を飛び立つが、その数日前に会社の出口にて自家用車で帰宅する森西選手と偶然にも一緒になる。「頑張ってきてください」。送り出すための言葉を交わすと、最高の笑顔で「行ってくるね」「実は私、3月に結婚するんですよ」「おめでとう、じゃあ、おみやげ買ってくるからな」「楽しみに待っています。それじゃあ」。短い会話後、手を振って分かれた。

　それから8日後の朝のこと。いつものように京浜急行・大森海岸駅に降り立ち、国道一号線を渡る長い歩道橋の階段を登る。事務所の若い花里洋子事務員が声を掛けてきた。

　「森西さん…事故で亡くなったみたい…知ってる？」「エエッ〜！…ほ、ほんと…何で…」「何だか、サファリ・ラリーに行く前にトラックと正面衝突したみたい」。

森西栄一選手が出場する予定だった1970年《サファリ・ラリー》で、総合優勝を遂げたブルーバードSSS

自分が助手席に乗っていて事故にあった瞬間が目に浮かんで消え、後の言葉が続かなかった。遠い外国で起きた事故のため、当時は詳しい状況はなかなか伝わってこなかった。この記事の執筆にあたり調査していたら、森西選手のお墓の墓標が偶然、目に留まった。

そこには、以下の文面が彫りこまれていた。一部割愛、一部不明。

> 森西栄一
> 昭和八年一月十日○○○○○○
> ○○○○○○○昭和三十六年六月東京オリンピック聖火リレーコース踏査○○員へ選出されユーラシヤ大陸横断二万五千○踏査○○、○○東京オリンピック組織委員会式典課へ奉職
> 昭和四十年日産自動車へ入社スポーツクラブ所属相談員
> 昭和四十五年二月七日第十八回東アフリカ３千哩サファリラリーへ出場のため羽田出発、ケニア首都ナイロビ滞在、二月十三日ウガンダ首都カンパラ開催のペプシコーララリー参加途中ナイロビ北方面６０○ナウル付近でトラックと激突　　死去
> 享年三十七歳

　葬儀に私は参加していないが、津々見友彦氏他、多くのドライバーも参列されていたようだ。

　事故の詳しい内容までは解らないが、本番直前の練習中の出来事で、砂塵舞う中で対向車のトラックが車線をはみ出してきたため正面衝突。助手席にはナビゲーターとして安達教三氏（当時57歳）が乗っていて脳挫傷の重篤な重症を負ったが幸いなことに奇跡的に回復し職場に復帰したと聞く。私の体験談と重ねあわせてしまう。

諏訪湖での事故体験と重ね合わせ、何かがほんの少しでも違っていたら、まったく違う結果になっていただろうと、感慨深い思いがフラッシュバックする。平凡な人生でも時には一瞬で予期せぬ出来事の当事者となり、生死を分ける事件や事故に巻き込まれる。だからこそ日頃の過ごし方がいかに大切かを思い知らされたアクシデントだった。

　墓標に記載されているように、森西栄一氏が東京オリンピックの際に着用したと思われる記念の上着が大事そうに会社のロッカーに掛けてあったことが想い出される。

結婚式前日、愛車盗難

　森西栄一選手のアクシデント発生から僅か1ヵ月後の1970年3月12日（私が24歳1ヵ月）、日産入社前に勤めていた斉藤自動車工場の目の前にあった柳下商店の四女と小田原城址公園内にある二宮神社において神前結婚式が決まっていた。その打ち合わせと準備のため、3月10日の午後に社内販売で兄貴と共同購入した真っ赤なサニー1000・4ドアセダンで柳下商店に到着。当時はまだ路上駐車禁止でなく通行量も少ない道路だったので玄関脇の道路に車を駐車した。ここから私の実家までは距離にして13km、時間にして20分もあれば帰れるという近さ。

　辺りも夕闇に包まれ帰ろうとしたら誰ともなしに「泊まっていったら」と声をかけられた。挙式は12日だから、明日は床屋に行ったり買い物に行ったり用事を足すのに都合がよいと誘いに甘えることにして、「そうだね、泊まってゆくよ」。彼女の家に泊まるのはもちろん初めての経験だし、断る理由も見つからなかった。母親（父親はすでに居ない）も姉妹も長年にわたり顔見知りだったため違和感はない。そして静かに夜は深けて翌朝を迎える。

　起床して玄関から道路に出ると、我が愛車が忽然と姿を消していた。（？？？）「俺、確かに車で来て停めたよね？」。夢か幻か、一瞬わが目を疑った。突然の出来事を受け入れられない自分がいた。愛車を盗難された経験をお持ちの方であればきっと同じ心境に立たされることだろう。

　真っ先にすることは警察に連絡し盗難届を提出すること。すぐに路線バス、小田急線を乗継いで家に戻り他の人にも愛車の確認を取る。「車が無いんだけど、昨日、乗ってきたよね」。未練がましく確認する自分…何度確認しても出てくることはないと、冷静な自分が自分を見つめている。

　愛車の中には友達から借りてきた大きな旅行用バッグが積み込んであり、バッグ

の中には新婚旅行に着てゆく背広とコート、靴など必要品一式が詰め込まれ載せてあったから、さあ大変。余裕があった結婚式前日がドタバタ悲劇にと激変してしまった。すぐ近くにボーリング場があり、夜遅くまでにぎわっていたから（きっと、遊びに来ていた輩に違いない…）と推理した。

　どこに行くにも手足を奪われ、徒歩＋バスで移動。新婚旅行で出費が嵩む中、日頃は出張が多いためと、多趣味が祟って、着てゆく洋服がなく背広から新調しなければならない。上着はその場で持って帰れるがズボンの裾の長さ修繕は翌日以降になる所が多いが、その場で出来る店を探し出して購入。床屋に行って散髪、旅行カバンと上に羽織るコートは兄貴から拝借と、慌ただしい一日はアッという間に暮れた。

　翌日の挙式は予定通り進行し無事に終わり、披露宴たけなわの最中に警察から電話連絡が入った。「愛車が平塚市相模川の河川敷で見つかった」。挙式が終わったら新幹線で一週間の新婚旅行に九州・別府・宮崎方面に向けて旅立つため、結婚式に参列していた上司の蒲谷氏と兄貴に後始末を頼み、後ろ髪引かれる思いで小田原駅から新幹線に乗りこみ神戸に向けて旅立った。

　新婚旅行から帰ると、早速結末の報告を受ける。「藤澤君、大変だったよ、ハンドルが盗まれて無くなっていて…新品のハンドルを販売店で購入して何とか持って帰ってくることが出来た」と、蒲谷英隆氏。

　すぐにピンと来た。ハンドルは純正品ではなくレース用オプション品を装着していたため、犯人たちは、それが欲しかったようだ。その証拠に、車に載せられていた洋服、カバン、靴などは汚れてはいたものの全部無事に戻ってきた。友達から借用したカバンだけが一番心配したところだが、無事に返すことができて助かった。

　当時の車の、ほとんどは三角窓が装着されていた。案の定、三角窓が破られて盗まれていた。今と違って盗難予防装置など完備されていない時代であったのだが、そこはメカニック、自作の盗難予防装置を取り付けてあった。運転席のドアを開けるとルームランプが点灯する。その配線に連結してホーンが鳴り響く簡単な方式で、隠しスイッチをフロントバンパー下の見えない位置に設置していた。泊まる時に、ポンとスイッチを入れておけば防げた事件だったが、帰る予定でONしていなかったので後の祭りだ。お蔭で、やせ我慢でなく、今となっては、一生忘れられない思い出深い結婚式となった。

　新居は戸塚市汲沢町の日産独身寮のすぐ裏側に新築されたばかりの民間アパート、六畳一間に箪笥置き場、トイレと小さな台所付、風呂なしで家賃1万円に入居、この頃の給与はまだ3万円ほどと低かったが高度成長期でグングンと増えていった。

日産大森まで通勤時間は1時間30分。6ヵ月も経ない内に、日産の社宅入居資格を満たし、辻堂市鵠沼海岸の日産社宅12棟3階（現在無し）に住居を移す。太平洋を見渡せる素敵な景観は気に入ったが、愛車サニー1000のボディは塩害によって激しく腐食した。車好きには海の近くはご法度だ。ボンネット内部のエンジンから、部屋に置かれたテレビの内部なども塩害で腐食してしまった。

桑島正美選手との出会い

　時は1970年5月17日、富士スピードウェイで行われた《富士フレッシュマンレース》に私は日産大森ワークスのレースサービスマンとして出張していた。日産自動車が画期的だったことは、一般の人たちが日産車でレースに参加するのを陰で支えるサポートを無料で行っていた。工場に居る時は車両やエンジンの改造を行い、時にはレースのメカニックとして活躍し、時には日産レーシングスクールのメンバーとして活動し、時にはラリーのサービスに赴き、時にはお客様の相談、調子の悪い車の診断と修理、オプション部品の販売、日産ギャラリー展示車の点検修理と業務は多岐に渡っていた。

　レースのレギュレーション（競技規則）は一般の車検よりも時には厳格に行われる。基準は一般車検とは大きく異なり、最低地上高に適合しているか、規則通りの改造が施されているか、ロールバー、4点式シートベルト、消火器など安全に関わる改造や備品が正しく装着されているかなど厳格に行われる。ロールバーの取り付け方法も、裏側に当て金を使用してボルト止めしないと、いざ転倒事故の際に十分な強度が保てない。地方のサーキットに行くほど、この当て金を使用していない車両が多くなる。

　車検不適合の有名な逸話として、67年《第4回日本グランプリレース》に俳優の三船敏郎さんがチーム監督をつとめる「ヒノ・サムライ」が参加すると話題になった事件がある。

　参加車両は日野コンテッサのエンジンを積み込んだプロトタイプカー「ヒノ・サムライ」で、練習中にトラブルが発生しオイルパンを交換して

最低地上高の測定を通過できなかった「ヒノ・サムライ」(1967年日本GP)に、三船敏郎監督も激怒した

表彰台に立つ左から桑島正美(プライベートZ432)、長谷見昌弘(ワークスGTR)、久保田洋史(プライベートGTR)。2位桑島と3位久保田の差は0.14秒。1970年6月7日《富士300マイル》前座100マイルA

いた。高さ10cmある最低地上高を測定する四角い木製の枠を通過できなければ車検にパスできないが、通過できないで車検不合格となり、残念ながらレースに出場できなかった。参加できていれば、さぞかしマスコミを賑わしたと思われるが、私情や有名税や袖の下など、みじんも通用しない世界だということが、この逸話からも読み取れる。

この車検において、桑島正美選手がフェアレディZ432のフロントフェンダーからフロントタイヤが僅かにはみ出しているために車検落ちしたと相談にやってきた。対策を施さないと本番レースに出場できない非常事態である。この時はまだアマチュアとして自費参加であった。そこで私と仲間の香取光泰氏と二人でフェンダーを改造して何とか車検に受かるべく改造を施した。こんな時、日産車体・訓練生での基礎訓練、斉藤自動車での清水さんで培った板金技術が生かされる。

少しでも自分が関わった車がレースに参加すると、俄然そのレースを観戦する楽しさが倍増する。この点こそメカニックしか味わえない最高の醍醐味なのだ。

富士スピードウェイのスタートをパドック裏から見ることはできるが見えにくい。逆に100Rからヘアピンを見るには高い所から全体を見ることが出来るので、メカニックにとって絶好の観戦場所となる。

排気音を聞くだけでレースのスタートが手に取るように伝わってくる。100Rに誰が先頭で現れるか、固唾をのんで見守る中、何と先ほどフェンダー改造を施して車検にパスした真っ黒な桑島選手のフェアレディZ432が現れた。新人が参加するこのレースで見事優勝を遂げた桑島選手は、その後も活躍を続け、いつしか彼は「黒い稲妻」と呼ばれるようになり、レース史にその名を残す。

新潟県・間瀬サーキット開幕

　1970年6月に北陸地方に待望のサーキット、日本海間瀬サーキットが生まれ、1972年8月に初の本格レースとして《日本海ミッドサマー》が開催されることになり、日産大森スタッフが全力でバックアップすることが決定。私も含めて6名ほどのスタッフが現地に赴いた。

　魚が嫌いな後輩の香取君は旅館の食事で「食べる物が無い」と愚痴をこぼしていたが、好き嫌いの無いダボハゼみたいな私は新鮮な魚にご満悦。

　サーキットは越後七浦シーサイドラインの下山海水浴場に近接する海岸沿いに位置する。農道を利用してコースを作ったために、コース内側の広い範囲に、民間の農家が耕作する畑が広がっているという異色サーキット。これだけでも驚きであったが、それだけでは無かった。大きなカエルが、走行するサーキットのコースに飛び出してくるという話で盛り上がった。

　コースは高低差が11m、19の小さなコーナーを有するテクニカルコース。

　オープニング・イベントして、初のレースが行われるため、参加する車両の事前車検を私達で行った。この時代は、モータースポーツがようやく一般市民にも広が

カーナンバー23、大森ワークスのフェアレディ240ZGは独特のカラーリングをしていた。ドライバーは歳森康師。No.47は田村三夫のZ、No.32は伊沢志平の国産リバーサイドNo.3・マツダ。1972年10月10日《富士GCマスターズ250キロレース》

りを見せていたが、本場である鈴鹿サーキット、富士スピードウェイ、筑波サーキットを除けば、地方に行けば行くほど、レースその物自体が詳しく伝わっていなかった。現代のネット時代で、あらゆる情報が瞬時で手に入れることが出来る時代と異なり、富士や鈴鹿に足を運ばなければ、レーシングカーがどのように改造されているか、詳しくは知り得ない。しかも観客がパドックに入場し間近でレーシングカーの細部まで見ることができるチャンスはそれほど多くない。

　車検前にロールバーの取り付け具合をチェックすると、裏側に10cm四方の当て板を付けなければ規則に適合しないが、ほとんどの車両がボルトのみで当て板がなかった。これでは転倒した場合、ロールバーの役目を果たさない。また、オイルキャッチタンクの装着も義務付けられていたが、このタンクも装着された車は数台のみといった具合。仕方ないので缶ジュースなどの空き缶をタイラップで固定し、ビニールホースを接続して代用品とした。

　大森ワークスは真っ白なフェアレディ240Zを持ち込んだ。ドライバーは辻本征一郎選手。

　蒲谷さんが「真っ白なままではオープニング・イベントの車としては迫力に欠けるな」と、私に相談してきた。

　「解りました。私に任せてください」と、即決で請け負う。「どこかに、真っ赤な水性塗料は売っていないかな」と、近隣を探し回る。何とか、真っ赤な水性塗料が手に入り、サーキットに引き返す。元々、グラフィックデザイナーにもなりたかった私なので、脳裏にひらめいたデザインを実現に向け作業を開始する。白いボディに、稲妻をイメージした太く真っ赤なラインをフロントからリアに流れるように書き込んでみた。レーシングカーは、派手な方がサーキットに良く似合う。こんな下準備もあり、無事に開幕イベント、開幕レースも終了する。

　1981年に閉鎖となるが、87年に再開、残念ながらＪＡＦ公認コースではないが、身近にサーキットがあるのは車好きにとって嬉しいことだ。

北海道・白老サーキット開幕

　1970年7月、北海道白老町の白老サカタランド内に、北海道スピードウェイという観客収納人員10万人を誇るという謳い文句のサーキットが誕生した。このオープニングレースも、日産自動車が全面的バックアップを図ることになる。日本のモータースポーツ普及に、日産自動車が果たした功績は多大であるが、その詳細を知る人は意外と少ないのかもしれない。

白老サーキット(1970年7月5日《北海道オープニングレース》)に集った大森ワークス4車種。No.3フェアレディZ432は歳森康師。2台のR380に次ぐ3位
No.14は珍しいサニー1000クーペ。星野一義がドライブ。地元選手のミニクーパー/ホンダ1300/パブリカ/スバルFF1等を寄せ付けず総合8位

北海道・白老サーキット開幕

北海道の広い空の下、スタート位置に並んだ各車。1列目にはニッサンR380とZが陣取る。左回りの高速コースでR380の高橋国光と砂子義一が模範走行を見せるがごとく1-2位を快走した。1970年7月5日《北海道オープニングレース》

　東京・大森から北海道に行く訳だから、我々スタッフは6月27日、羽田から飛行機で移動することになり、現地に搬送された社用車（この中に「栄光への5000キロ」撮影で使用された、サファリ・ラリー仕様のブルーバードSSSがあった）で宿舎とサーキットを移動した。これなども日産大森分室が宣伝部に所属していた一端を示す表れであった。だから「栄光への5000キロ」の完成記念パーティーにも宣伝部の強みで招待され、遠目ではあるが石原裕次郎氏を見ることも出来た。
　新型車が発売されると間もなく登録された新車に乗れるチャンスも多かった。
　「栄光への5000キロ」の撮影は前年の69年《第17回サファリ・ラリー》に実際に参加して行われた。カーナンバー90番の510型ブルーバードが何と、総合5位に入賞してしまう。この年に行われた《第18回東アフリカ・サファリ・ラリー》で、総合・チーム優勝の二冠を達成。長年の夢が実現できた。
　サファリ・ラリーのサービスは、競技車と同じ仕様の練習車にて追走する。すべての予備部品を準備することは無理なので、競技車が壊れた場合、積み込んだ予備部品が無かった時は、伴走車から取り外して競技車を修復する。
　日本海間瀬サーキットで、参加車両のレベルの低さに驚かされたが、北海道に来たら、更なる驚きの連続であった。今でも笑い話になるレベルで、ヘルメットは何と工事などで使用する土建屋さんのかぶる黄色いヘルメット、レーシングスーツは、整備で使用するツナギ、レーシングシューズは半長靴といった具合だった。鈴鹿、船橋サーキットから始まった日本のモータースポーツは、まだまだ日本全土に発展するには時間を必要としていた。
　もう一つ驚かされたのは、レースとは一切関係ない、高さ25～30mもある、アイヌ酋長の全身立像であった。レーシングカーにも盛んに用いられたFRP（グラスファイバー）製という説明を受けた。

No.12はブルーバード1600SSS。2輪ライダーとして有名な本橋明泰がドライブして6位。510ブルは後に1800SSSの2ドアHTも実戦投入される
No.11スカイラインGT-Rもこの年はまだ4ドアセダン。No.10の須田祐弘が4位(クラス優勝)、No.11辻本征一郎は5位。どれもエンジのカラーリング

ドライバーの服装で想像できるように、レース参加予定の改造具合も惨憺たるレベルであった。普通レベルの車検で判定しても規則に適合できる車両はほとんどなく、レース開催さえ危ぶまれてしまう危機的状況。私たちスタッフの仕事は、これらの参加予定車両を無料で規則に出来るだけ適合できるよう改造作業を施すことから始めなければならなかった。

　コース内も泥などがあちらこちらにあるため清掃を行い、レースに支障が起きないように不具合個所や問題のある箇所を我々が出来る範囲でコース側と協力して修復作業に当たる。

　私たちが現地に赴く前に先発隊が何人か行っていて、コースの準備などを手助けしていた。その後、何班かに分かれて入れ替わってサポートしていた。最後の仕上げのレース開催に向け、私たちが足を踏み入れたことになる。2週間以上のスタッフ全員の努力が実を結び、無事にオープニングレース開催当日を迎える。

　レース前のイベントには驚くなかれ、ストックカー・セドリックに鈴木誠一選手、ニッサンR380・2台に高橋国光選手と砂子義一選手が操縦して模擬レースまがいのデモ走行を行ったのである。私の手元には、今でもフジカシングルエイト（カラー・無声）で撮影した貴重な映像が保存状態良く保管されている。

　開催準備からオープニングレースが無事に終了し、レースカーや社用車の搬送準備などの後片付けが終了し、7月6日に千歳空港から羽田に向けて帰路についた。

　このサーキットは、残念ながら73年まで37イベントが開催されたが、やむなく閉鎖されたと聞く。

ピットマン事故死・レース引き上げ

　1970年10月9日に富士スピードウェイ右回り6kmで開催された《日本オールスターレース》に、大森ワークス・星野一義選手、歳森康師選手のサニー1000クーペと、寺西孝利ブルーバードSSS（510）が参戦し、私は寺西孝利選手ブルーバードの主担当であった。

　予選で、星野一義選手が2分24秒20、歳森康師選手は2分25秒00をマークし、13位、14位。サニー1000の排気量では直線の長い富士では（排気量1300ccクラス）ライバル達の後塵を拝した。ちなみにカローラ高橋利昭選手のタイムは2分18秒02と、クラスが違うほどのタイム差となる。

　私の担当するブルーバード510は練習中から本来の調子がなかなか出ないで、不調の原因もなかなか掴めないでいた。この頃の吸気系はソレックス・ツインキャブ

レターが主流。富士山に近いために気圧の変化に敏感である。一年間のうちに一度ほど、どう試してもセッティングが決まらない日が訪れる。この日も、そんな日に当たった。

　寺西選手は、2周もするとピットインを繰り返していた。予選時間は刻々と過ぎ去り、焦りが最高潮に達していた。調子が上がらないため、私はピットインを示す「P」のサインボードを持ちコース寄りのガードレール内に身をよせた。富士でも鈴鹿でも、メカニックがサインボードを掲示する場所は、ピットの走行ラインを横切ってコース側のガードレールのすぐ脇まで出て行く。レースカーがピットイン、ピットアウトする通路を絶えず横切り、行ったり来たりする仕事なので、ピットインしてくる車（一方通行なので片側だけをしっかり確認すれば済む）を誰もが怠ることはないはずだった。

　普通、ワークスはセンタータワーに近い一番ピット付近が定位置になっていたが、戦績の上がらないブルーバードだったこともあり、この時はバンク側に寄った、タワーからはるかに遠い位置にピットがあてがわれていた。「ピットインせよ」を意味する「P」のサインボードを持って最終コーナーを見つめる私の眼に飛び込んできた光景は…ピットインしてきた寺西選手ブルーバードが、はるか先の5番目から10番目付近のピットレーンで、急激に左に向きを変えスピンしてコース側にあるガードレール上に舞い上がる姿であった。

　「何で…あんなところでスピンする？」。レーシングメカニックになってから初めて目にする光景に違和感が襲ってきた。若手相棒メカニックの桜井俊明氏が猛スピードでダッシュしてゆくのをただ見つめていた。彼は元野球部だけあって足が早かった。しばらくして駆け戻ってきた桜井俊明氏の顔から血の気が失せて真っ青だ。「ピットマンが跳ねられた」「えっ…」私は言葉を失った。予期せぬ出来事が襲ってくるのがレースの世界だがあまりにショッキング。

　予定外のピットインではあるが、一般道路と違いピットレーンは100％レース車両が優先であり、初めてピットサインを経験する場合は、先輩から口うるさく指導されることが当たり前であったが…。

　この原稿を執筆するにあたり当時の関係者の証言をまとめた記事を抜粋すると、次のようになる。

　風戸裕選手のメカニックとして参加した佐藤敏彦氏はホームストレートを通過する風戸選手にピットサインを送った後、魔がさしたのか後方をよく確認しないままピットロードへと歩き出してしまった。そこに運悪く、寺西選手のブルーバードSSSがピットインしてきた。反射神経に優れるプロレーサー・寺西選手は瞬時に反

応し30～40m手前でフルブレーキ、右へハンドルを切って避けるが車は左右に旋回、避けきれずに佐藤敏彦氏と接触後、ガードレールに乗り上げる。

　調子が出ない場合、ピットレーンに入ると同時にエンジンを停止し惰性で走行する。ピットに停止してスパークプラグを取り外して、その焼け具合をチェックするためだ。この時もエンジンを停止し惰性走行で走行していたと推定できる。

　佐藤氏は約9m跳ね飛ばされコース上に叩き付けられた。全身打撲のうえに腹部裂傷の重傷を負い、市内の御殿場中央病院に搬送されたものの出血多量のため、事故から約2時間後の午後3時4分頃に死亡。享年23歳。

　私達は、現場からブルーバードを日産ガレージに運び、ボディカバーを掛け、その後の経過を見守る他なかった。事故の現場に私たちが立ち会うことは無かったので、この時点では細かいことは何も解らないで待機していた。長い待ち時間が経過した後で、最悪の結果が報告される。

　「撥ねられた方は死亡、日産ワークスは全車両のレースを中止し、ひきあげる」と知らされる。公式には「この事故を重く受け止め、日産自動車は佐藤敏彦氏の喪に服す意味で、契約選手の当レースの出場を辞退と発表し、14名のドライバーが出走を取りやめた」「……」。自分の力では、どうすることも出来ないことも、突然襲ってくるのが勝負の世界だ。今も苦い思い出として、消え去ることはない。

　この時にコンビを組んでいた桜井俊明氏。若手で野球もうまい好青年。なぜか私とコンビを組む機会が多かった。筑波に出張中の旅館での出来事。「藤澤さんは、なんで、細かいことに、こだわり過ぎるのだ！」と、この日は珍しく言葉荒く言い寄ってきた。確かに、私の悪い性格として「自分の考えを譲らない」「些細なことにも、妥協しないで、とことん、こだわる」。職人気質のイチロー選手にも一脈通じる頑固さを自分でも感じている。戦いの場では一切の妥協はしたくなかった。サラリーマンでありながら、レーシングメカニックはドライバーと一緒にレースという戦いの場に挑む戦士の役割。言葉で説明することは難しかった。

　そんな桜井俊明氏も社内恋愛でめでたく結婚、社宅に入る。ペアの「コーヒー茶碗セット」をお祝いに贈ると喜んでくれた。それから間もない日、会社の帰りが一緒になり、国道一号線をわたる信号が青に変わる。横断歩道を二人で渡り切ると、彼は国鉄大森駅に向かう。私は左に曲がって京浜急行の大森海岸駅に向かう。「さようなら、またあした」と、手を振って分かれた。

　その翌日のこと…「桜井君が亡くなった！」「エッ、事務所の桜井昇さん？」「いや、桜井俊明君…」。事務所にも同じ姓の桜井姓がいて、体調を崩し入退院を繰りかえしていた。まだ新婚1ヵ月、20代前半の若さであった。死因は心筋梗塞。

人の命は分からない。一寸先のことなど誰も解りはしない、だからこそ…「今日そのときを全力で生きること」が生涯、私のモットーになった。中途半端に生きたら悔いが残る。いつ死んでも良いように眼の前のことを、とことんやりきること。70歳を迎えた今日もこの気持ちだけは変わらない。

それは鈴木誠一選手のサニー初優勝から始まった

　サニー1000のエンジンはA10型OHV・クランクシャフトのメインベアリング（軸受）は3箇所で支える3ベアリング構造で、高回転を多用するレーシングエンジンには、致命的なウィークポイントともとらえられる。その後のサニー1200・A10改良型・名機A12型搭載、5ベアリングに変更されたことに加え、新しいB110型ボディを身にまといレースで重要な要素となる足回り（サスペンション）やボディ剛性も大幅に性能向上が図られていた。レース区分の市販車1300cc以下、TS1300クラスの排気量（レース常套手段として規則上限まで排気量アップを図る）に適合することで、ライバルに対しイコールコンディションとなり、ようやく同じ土俵で戦うこととなった。

　1970年のレースシーズン終了間際、11月22日に開催された《TRANS-NICS第1戦、100kmレース》に黄色くペイントしたマルゼンテクニカラーをまとった、カーナンバー84番サニー1200GXを駆って鈴木誠一選手がエントリーした。この車両は大森マシンではなく東名自動車で自ら製作してきた東名自動車仕様のマシン。大きな会社が動き出すのには少し時間を必要とするが、小回りが利く東名自動車の利点を鈴木選手が最大限に活かした結果、参戦にこぎつけた。大会社の資金力という長所、小回りが利き自分のアイデアを短時間で具現化できる専門ショップの長所という組み合わせが相まって、短時間でレースマシンに仕立て上げられていた。

　迎え撃つトヨタ勢はそれまでTS-1クラスで敵なしのトヨタ自販勢、この時まで無敵を誇るカローラクーペ2台とパブリカ2台。ドライバーは高橋晴邦選手、舘信秀選手、中野雅晴選手、見崎清志選手と、メンバーを見れば強豪揃いと一目瞭然のライバル布陣である。

　更にTMSC（トヨタモータースポーツクラブ）からは、藤田直廣選手と鑓田実選手が戦闘力を誇るカローラで参戦するというトヨタ勢万全の態勢で迎え撃つ。誰が見てもサニーの勝ち目は考えられなかった。そんな状況下で予選が始まると、トヨタ勢は信じられない光景に愕然とすることになる。これまで無敵を誇ったワークス・トヨタ勢のマシンを苦労することなくサッと追い抜く鈴木誠一選手のマルゼンテク

ニカサニーの躍動する姿を目のあたりにすることになったからだ。

　大森ワークスに配属されて驚いたことは、前にも書いたようにドライバー自らがエンジンからミッションから車両まで、改造やメンテナンスを行っていたことだが、この当時では特別なことではなく当たり前のことであった。競艇選手が自分の乗る船艇からエンジンまですべてメンテナンスして戦いを挑むのとさほど変わらない。

　その中でも鈴木誠一選手が東名自動車を作ったのは、ワークスで出来ない自由闊達なチューニングショップではなかろうか。自分の中で閃いたアイデアを短時間で即座に実行できる環境。戦いの場であるレースをどう戦うべきかを深く考えた時に到達する終着駅とも捉えられる。ある意味ではレースとは、レースが始まる車両製作時にすでに戦いは始まっていると断言できる。

　次のレースが始まる予選、本番までにライバルに対し、どれだけ戦える武器を探し出したり作ったりして、戦いの場に間に合わせることが出来るか否か。それは時間との勝負となる。織田信長が長い槍や、いちはやく鉄砲を取り入れたのと同じことで、それが勝敗を決する大きな武器となる。そんな鈴木選手が造ったサニー1200GXと、ドライバーとして確かな経験と技術を、ライバルは目のあたりにした。予選は富士左回り4.3kmで行われ、ポールポジションは多くの関係者の予想を覆し、鈴木誠一サニーが、1分42秒28を叩きだし獲得。2位に見崎選手・カローラが1分44秒22で続く。レースに精通している人と、そうでない初心者では、このタイム差の捉え方は大きく違ってくる。例えば鈴鹿サーキット6ｋｍコースや、富士スピードウェイ6km（当時はバンク使用）のように一周が長い場合と、今回のように4.3kmと短い距離になればなるほど、1秒の違いは大きな差となって襲い掛かってくる。

　ただし、本番の決勝レースは多勢に無勢、トヨタ勢が周囲をブロックし、チームワークで走行ラインを抑えられてしまえば、いかに百戦錬磨の鈴木誠一選手といえども、そう簡単には前に出ることは難しいだろうと予想された。

　スタートのシグナルが青に変わる。各車一斉にスタート。絶妙なクラッチミートとアクセルコントロールで高橋晴邦選手が1コーナーまでにトップに躍り出る。鈴木誠一選手の鼻先を抑えつつ、チームメイトが後続から戦いに進出するのを待つ状況。

　パドックからヘアピンコーナーが手に取るようによく見える。オープニングラップ（1周目）のヘアピンでは、高橋晴邦選手、更には舘信秀選手、中野雅晴選手のトヨタ・ワークス勢が3台の編隊を形成し、理想的な展開に持ち込んでいた。

　最終コーナー（通常の右回りの時の第1コーナー手前）にさしかかると、頭脳明晰、沈着冷静、勝負師の鈴木誠一選手が有利な走行ラインとなるインサイドを窺う。バッ

クミラーで鈴木選手の動向に全神経を集中していた3台は走行ラインのイン側をブロックするため全車イン側を抑えるために動いた。その瞬間を勝負師である鈴木選手は読み切っていたように、がら空きとなったアウト側にサニーを持ち出して、一気に3台のトヨタ勢を追い抜いて前に出ることに成功する。

マスコミや一般の人は、すぐにエンジン性能の馬力やトルクにスポットを当てるが、ボディ剛性の高さやサスペンション性能の高さがサーキットでは重要なファクターとなって勝負を分ける。新型サニー1200（B110）の潜在性能の高さは、鈴木選手がサーキットに車両を持ち込みコースインした瞬間から掴み取っていたに違いない。

3台の前に出てしまえば、予選タイム差2秒の差は勝負にならない大きなものとなり、トヨタ・ワークス勢に重く圧し掛かってきた。そうは言ってもまだ初戦であり勝負は何が起こるか解らない。リードを広げながら鈴木選手はマシンの状態に全神経を集中していた。鈴木選手が有利なのはマシンを知り尽くしているため、トラブルが発生する前兆や兆候を見逃がさないことだ。

日産大森に配属されて間もない頃、鈴木選手の運転するスカイライン2000GTB

サニー1200クーペ（KB110）、衝撃のレースデビュー。鈴木誠一駆るカーナンバー84、東名自動車チューンの丸善テクニカサニーはワークス・トヨタ勢を蹴散らして圧勝した。1970年11月22日《ストックカー富士200》前座 TransNICS第1戦

(S54B)の助手席に乗車した経験を持つ。富士スピードウェイの30度バンクに飛び込んだ瞬間に車体が「グンッ」と右に大きく傾く。同時にタイヤがフェンダーに当たる悲鳴のような音が「ギャン、ギャン」とすごく大きな響きを発する。信頼しきっていたので恐怖感は全然湧いてこなかったが「すご～い」と、心から驚嘆した。そんなバンク走行中に鈴木選手が油圧計を指差しながら冷静な言葉で言ってきた。「油圧計の針が触れている、メタル（エンジンクランクシャフトを支える軸受）がもうじき焼き付く」。激しい上下Gと横Gに襲われる体で何とか油圧計に目をやると針が激しく左右に揺れ動いていた。この実例だけで解るように、エンジン内部の構造を熟知し、豊富な実戦経験と明晰な頭脳の持ち主でないと見落としてしまう兆候を素早く読み取って判断していた。

　まだ、このレースの時点ではオプション部品は揃っていなくて、サニー1000のノンスリップデフを流用していたため耐久性は未知数であった。リードを広げ、はれ物に触るように神経を張り巡らせ残り周回のラップを重ね、会心の勝利を飾ってしまった。優勝してしまえば、それまで無敵の勝利を重ねていたトヨタ勢を圧倒する脅威的なパフォーマンスしか後に残らない。

　たった1台のサニーに完全な敗北を期したトヨタ勢の唯一の期待はレース後に行われる再車検である。何もクレームが無ければ簡単な車検で終了し、正式結果が決まる。しかし、1位、2位のマシンにクレームが付いた。

　クレームが付くと、車検場で競技技術員立会いの元で、シリンダーヘッドを取り外し、ボア径とストローク（排気量）測定が実施される。果たして、サニー1200の排気量は、どのくらい排気量アップされているのか？　話題はこの一点に集中していた。

　ノーマル排気量はボア73mm×ストローク70mm、総排気量1171ccのスペック。トヨタ勢が固唾を飲んで見守る中、トヨタ勢の淡い期待ははかなく消え去り、脅威へと変わって行った。その理由は簡単で、B110サニーの排気量は1240ccと、TSレースのクラス分けである1300cc上限まで、まだまだ余裕があったからである。

　参考までに、ピストン径をノーマルの73mmから75mm交換で排気量1237cc、76.8mmに交換すると1298ccとなり、TS1クラス上限排気量に収まる。

　このレースで、サニーB110の驚異的な潜在能力を見せつけられたワークス・トヨタ勢は、ほんの僅かな改造を行うだけで、今後の主戦場となるTSレースへの恐ろしいライバルが出現したことを早くも感じ取っていた。

　このTRANS-NICSは翌日（23日）に行われるストックカーレースの前座戦であり、22日、このレースの予選ポールポジション獲得・優勝を手土産に、当日のストック

カーレース予選でも鈴木誠一選手はセドリック84番で、1分38秒18をマークしてポールポジション獲得、23日の決勝でも見事に優勝して逆転シリーズチャンピオンに輝く離れ業を成し遂げている。

この1970年11月22日から、サニーB110の快進撃が始まり、数々の名勝負を繰り広げることにつながってゆく。

日産大森ワークス黄金時代到来

1970年1月にB110型が新発売され、4月になるとSUキャブを装着するセダンとクーペに「GX」グレードが追加された。戦闘力の高いサニー1200GXの登場にあわせ、技術員・メカニックや事務所スタッフも次第に増員された。私と同じように町工場で腕を磨いて入社してきた中村誠二氏、吉田清一氏、香取光泰氏、その他も加わり、組織としても技術的にも格段に進歩を遂げていた。それに加えて、新たに加わった、星野一義、歳森康師、寺西孝利選手で、強力なドライバー軍団を形成。マシン、チーム（メカニック）、ドライバーと、勝利に不可欠な三要素が理想的に揃った。

1970年11月の初優勝は東名自動車からの参戦であったが、年が明けた1971年から大森ワークス・サニー1200の快進撃が開始される。

レースシーズンが開幕した4月25日、富士GCシリーズ第1戦《富士300キロスピードレース》の前座レースとして行われたTS-1レース（これが次第に人気を呼ぶ）右回り30度バンク使用6kmに、2台の大森ワークス・サニー1200クーペが参戦する。ドライバーは鈴木誠一選手と辻本征一郎選手。ライバルはそれまで無敵を誇っていたカローラクーペ佐藤文康選手と、ホンダ1300クーペに乗る菅原義正選手。

予選が開始されるとサニー1200クーペのタイムにライバルは唖然とすることになる。前年10月に、カローラ高橋利昭選手がマークした2分18秒02を上回る2分17秒56をマークした鈴木選手がポールポジションを獲得。辻本征一郎選手も同じく17秒台をマークして2位をゲットする。3位の佐藤文康選手カローラクーペは、2分20秒24、菅原義正選手ホンダ1300クーペは2分20秒33で4位につけるが、タイム差は誰の目にも歴然であった。それでもレースは何が起きるか解らない。上位4台の戦いにファンの眼はくぎづけとなった。

スタート前、甲高いエンジン音に変わり、各車一斉にスタートするが、スタート直後に「アッ、辻本車にトラブル発生！」。原因はクラッチ板が砕け散っていた。この頃は、まだオプションのクラッチ板は完成していなくて、ノーマル部品を使用していた。後日談として、原因究明したところ、純正品クラッチには2社の製造す

るクラッチ板があり、その内の一社の製品がレース使用として適さないことが判明する。

　早くもサニー1200クーペは鈴木選手1台となり、3台の激しいトップ争いが展開される。予選タイムを見れば解るように、余裕のある戦いが出来ることをベテラン鈴木選手は計算済みで勝機を窺う。S字コーナーで菅原選手ホンダ1300クーペがオイルに足元を滑らせ転倒、鈴木選手はペースを上げ佐藤カローラクーペとの差を見る間に広げて独走して優勝を飾る。この勝利こそ、日産大森ワークスとしてサニー1200が初参加、初優勝した瞬間であった。

　この時、私は鈴木誠一選手のメカニックを担当していた。他のメカニックが「鈴木さんのメカニックは苦手だ…」と、私に言ってきた。

　私はまったく反対だった。鈴木選手の聡明な頭脳、温和で紳士的な人柄、勝負師としてのセンス、チューニング技術の確かさ、人間としても、技術屋としても選手としても、そのすべてが好きだし男が男に惚れていた。

　ある時、ピットインしてきた鈴木選手が「スタビライザーを、もう少し太くしてくれないか」と依頼してきた。「ハイ、解りました」。私は即座に交換した。ドライバー本人でなければ微妙な操縦性の感覚など把握できない。ましてメカニックに言葉で伝えることは至難の業だ。それにメカニックに精通したドライバーの指示は的を外さないし、悪い所は、ズバリと指摘する。経験の浅いメカニックが苦手にする理由は、私にはすぐにピンと来た。まだ大森ワークスが発足してから充分な経験を積んでいないメカニックも居たからである。当然、鈴木選手は経験豊富で、メカニックとしての経験と技術を持ち、しかも頭脳明晰だから、技術の未熟なメカニックでは担当は務まりにくい。

　同じ1971年9月5日《富士インター200マイルレース》前座のTS-1レースにおいても鈴木選手が再び優勝を飾り、星野選手が2位入賞を遂げる。

　この頃は3台体制でのエントリーが多かったので、予選1位〜3位をワークス・サニー勢が独占する状況が多くなっていった。当然ながら、同じレースにエントリーしたプライベートチームから「ワークスが出ていたら一般ユーザーは勝てない」というクレームがあがってくるようになる。73年頃になるとワークスは参加は自粛し、プライベートチューナーの時代が花開くことになる。

黒沢元治選手メカニック担当で優勝を飾る

　1971年8月15日開催された富士スピードウェイ・右回り《富士500キロスピードレース》にエントリーした黒沢元治選手のメカニックを担当することとなる。当時の雑誌等では追浜ワークスと紹介されていた。その理由は、私が大森分室に配属された1967年8月から数ヵ月後に黒沢選手は大森日産契約ドライバーから、目出度く追浜ワークスドライバーに契約変更した直後に参加したためである。記事を書いた記者が事情を知らなくても無理はない。私達大森ワークス・メカニックにドライバーの契約変更などが報告されることはめったにない。乗る車や担当チームが変わったのを目撃して初めて解る程度。この時のサニー1200TS仕様は、高木保氏と私の二人が担当した大森ワークスカーであった。

　レースで戦っていて練習走行の調子から「今回のレースは優勝できる」と予感できることを何度か経験しているが、このレースも前日のテスト走行時点から、そんな予感を絶えず感じとっていた。

　サニーB110型は走るたびに大幅にタイムを更新し関係者、レース参加者たちを驚かせた。まだフロントスポイラーも装着していないし、スリックタイヤも無く、丁度、「カラスの足跡」と呼ばれた、小さな溝が点々と付いたタイヤが短期間だが使用された。それから間もなくスリックタイヤ（溝なし）が登場し、初めて見る人たちを驚かせた。パドックに見学に来た一般来場者のほとんどが「このタイヤ、溝がないよ、大丈夫なの？」と、一様に驚きの声をあげた。

　その後も、フロントスポイラー装着、フロントスポイラー形状変更（ボックス型）、エンジン吸気ダクト装着、サスペンション改善等でタイムアップを図るなど、走る度に記録を更新してゆく。

　鈴木誠一選手のデビューレースの頃はノーマルに近い外観から始まったが、この当時は（1971年）ラジエターグリルを装着していない。その後（1972年頃）に空力を考えたヘッドライトのマスクが付く。1973年からは、ラジエターグリルは取り外されマスクタイプに変わる。1975年くらいから大幅な改造によって観客が車種の識別ができないという理由によって純正グリルの装着と変化を遂げる。

　予選は右回り30度バンクを使用する一周6kmコースで幕を開けた。予選中に一度ピットインした黒沢選手が「直線の伸びがもう少し欲しい」「解りました、エアジェットを十番薄くしましょう」と、問いかけると、黒沢選手はドライバー席に着座したまま軽くうなずいた。

　この時のソレックス・ツインキャブレターのメインジェット155番（3000回転以

富士GC前座マイナーツーリングで圧勝を演じた大森ワークスのサニー。赤い黒沢元治と白い鈴木誠一がランデブー走行。ちなみにもう一台の星野一義は黄色。1971年8月15日《富士500キロスピードレース》

上のガソリンの量を調整する）エアジェット190番（3000回転以上の空気の量を調整する）を200番に交換し、ピットアウトして2分13秒11を叩き出した。高回転側の空気量を絞って少し薄くすることで高回転（高速域）が伸びることがある。もちろん、セッティングがズバリと決まった時の話だが…、それが決まった。

　この出来事から数年後、アドバン・サニーのチューニングショップとして名声を高めた土屋エンジニアリング代表の土屋春雄氏と立ち話をした時に「高回転側を薄めにセッティングしたほうが、上が（超高回転側という意味合い）よく回るよね」と言ってきた。私は微笑みながら間髪をおかないでうなずいていた。同じ土俵（すでに大森ワークスは参戦していない）を経験した者同士が解る挨拶代わりの会話であった。

　戦いの場で、ドタバタした時には優勝という勝利の女神はなかなか微笑んでくれないが、各部のセッティングがピタリと決まった時、勝利の予感が降臨してくる。このレースがそうだった。結果は、それまでのコースレコードを大幅に短縮する2分13秒11という驚異的タイムでポールポジションを獲得する。このタイムは当日、サーキットにいたレース関係者に衝撃を与えた。その理由とは。

　1969年《JAFグランプリ》TSレース・藤田皓二選手のカイラインGT‐Rデビュー戦でポールポジションを獲得したタイム2分13秒42を0.3秒上回る好タイムであった。しかも、エンジンは1300ccOHVというレーシングカーやスポーツカーとしては考えられない平凡なエンジン構造を持つA12型が難なく打ち破ったからに他ならない。そのメカニックを担当した私の中にも大きな自信が生まれた瞬間であった。

　このレースでの予選2位は、売出し中の星野一義選手で、タイムは2分14秒84と、日産大森ワークスが1位、2位を独占する。3位は中野雅晴選手パブリカで2分16秒11、4位、5位にもサニー1200が入る。

本番レースでは黒沢選手は油が乗り切っていた年代と経験で終始、落ち着いたレース運びでトップを独走し、危なげなくチェッカーを受け優勝を飾る。その後、私もメカニックとして何度も優勝を経験するが、この優勝が一番嬉しい記憶として今でも印象強く残っている。この時も含め、大森ワークス・サニーのドライバー名やカーナンバーは終始、私がフリーハンドで記入している。

　この優勝から20日後、9月5日・富士GCシリーズ第4戦《富士インター200マイルレース》、同じく右回り30度バンク使用一周6kmで、星野一義選手サニー1200クーペが、2分11秒82と、更にタイムを更新し、レースでも優勝を飾るなど、大森ワークス・サニーは無敵を誇った。

黒沢選手が記録した2分13秒11は、8月という暑い夏場に叩きだしたタイムであり、コースレコードをマークしやすい季節は、気温が低下する11月から3月頃までに集中するのはレース通ならば常識であるが、たった1ヵ月で1秒29も速くなっていた。このタイムはサニーの熟成と星野選手のテクニックが上手くかみあって叩きだされたタイムであった。

グランドスタンド前に並んでドライバー紹介。左列(偶数順位)手前より星野一義、鈴木誠一、舘信秀、鈴木恵一、佐藤文康、右列(奇数順位)手前より黒沢元治、中野雅晴。1971年8月15日《富士500キロスピードレース》

黒沢元治選手メカニック担当で優勝を飾る

鈴鹿第1コーナー、アウトから抜き去る国光サニーに感動

　鈴木誠一選手の優勝によって、TS-1クラスの王座を奪われてしまった形のトヨタ勢も反撃に転ずる。1972年3月、鈴鹿サーキット6kmを用いて《鈴鹿自動車レース大会》が開催された。このレースにTMSC・Rから、久木留博之選手、高橋晴邦選手が乗る2台のカローラクーペ1200が参戦、迎え撃つ日産ワークス勢は、追浜ワークス・サニー1200GXの高橋国光選手と都平健二選手の2台。

　このレースが始まるまでのコースレコードは、1971年11月開催の《鈴鹿ゴールデントロフィーレース》予選で大森ワークス・歳森康師選手がマークした、2分31秒7。

　このタイムをどこまで更新することが出来るかが、一つの見所であった。

　カローラクーペはサスペンションに大幅な改良を加え、更に大型のフロントスポイラーを装着してきた。その効果は歴然で1回目に行われた走行で高橋晴邦選手が歳森選手のコースレコードを1秒7上回る、2分30秒0をマークし、久木留選手も2分30秒4と、驚異的なタイムを叩きだし更新してしまった。

　対する日産ワークス勢は2回目の走行にすべてを賭けて挑んでいった。結果はカローラクーペの驚異的タイムに2台ともに僅かに届かず、2分30秒7をマークするのが限界だった。テクニカルコースの鈴鹿サーキットにおけるコンマ7秒の差は、いざレースとなれば、それほど大きなマージンに値しないため、決勝レースでの息詰まる戦いがレース前から予想された。

　レースが始まると鈴鹿サーキット・レースシーンで歴史に名を残す手に汗握る名勝負が展開された。予選1位（ポールポジション）高橋晴邦選手のカローラのスタート位置は最前列グランドスタンド側（観客席に近い）の位置となり、スタートしてそのまま直進した場合、第1コーナーではアウト側の位置となるため、スタートを決めてイン側の位置取りをしなければならない。対する、高橋国光選手は最前列ピット側に位置する。

　スタートはスタンディングスタート（予選順位により決められた位置に停車し、信号が青になった瞬間に一斉にスタートする方式）で行われる。

　信号が青に変わり各車一斉にスタートダッシュし、熱戦の幕はきって落とされた。スタートは急激にクラッチをつなぐとタイヤがスリップしてしまい、かえって遅れを取ってしまう。そこは経験豊富な高橋国光選手、高橋晴邦選手の両雄だが、僅かに国光選手サニーがインを抑えることに成功しトップに躍り出た。とは言ってもタイム的に勝っている晴邦カローラはピタリと国光サニーの背後を追走しつつ、コーナーでトップに躍り出るチャンスを窺う。

全車がデグナーコーナーを通過すると観客席からレーシングカーの姿は消えて、しばしの静寂が訪れ、やがて最終コーナーから、どの選手の車がトップで現れてくるか、観客の視線はその一点に注がれる。130Rの高速コーナーに差し掛かる頃から、甲高いエキゾーストノートによって熱い戦い振りをメインスタンドの観客に伝えながら最終コーナーに向け近づいてきた。

　「来た！赤い車、サニーだ！」。先頭で真っ赤なサニーが姿を表した。高橋国光選手だ。すぐ後ろを、スリップストリームを利用して高橋晴邦カローラと久木留博之カローラがピッタリと追走し、少し水を開けられた形で都平健二サニーが続く。この4台の戦いは互いを牽制しながら、抜きつ抜かれつ順位を変えながら10ラップも続くことになる。この勝負は相撲で言えば、がっぷり四つの力相撲と同じで、ほんの少しでもミスを犯した側が、勝負に負ける。サニー対カローラの戦いは、まったく互角の戦いが続いた。観客としては手に汗にぎるたまらない展開である。

　高橋晴邦カローラは、高橋国光サニーの後ろにピタリと付き、レースの常套手段であるスリップストリームを利用し、第1コーナーのイン側に飛び込む。レース通であればイン側を抑えることがトップに躍り出る際に有利に働く絶対外せないコース取りだと知っていよう。アウト側だと高速度域での強力な遠心力の影響を受け、コース外側に飛び出してしまったり、車体リア側が外に振られてスピンしてしまったりする。

　その常識を覆し、天才、高橋国光サニーは第1コーナーをアウト側に飛び込むと、巧みなハンドルさばきで高橋晴邦カローラを第2コーナーまでに抜き去って、再びトップに躍り出た。

　私は20年間、レーシングメカニックとして数々のレースを観戦してきたが、後にも先にも、この鈴鹿サーキット第1コーナー・高橋国光選手サニーの神業と呼べる追い抜きこそ、最初で最後の信じられない目に焼き付く光景であった。

　この素晴らしい熱戦が展開できた裏には、サニーもカローラも高い技術を注ぎ込まれ、完成度が高まったワークスカーであり、それを操る4名のドライバーも名テクニックを誇るワークスドライバー。このマシンとドライバーが高い次元で相まって極限の戦いを可能としていた。

　「抜きつ抜かれつ」という言葉がぴったり当てはまるレースによって目まぐるしく順位は入れ替わり、10周目までに高橋国光サニーが6回、高橋晴邦カローラが3回、久木留博之カローラが1回、トップでグランドスタンド前を通過するレース展開に観客の目は釘付けとなって離れなかった。勝ち負けよりもレース内容に感動させられた名勝負であった。あえて結果は書かないでおこう。

この話を後に和田孝夫選手に聞いてみたら「俺も何回かアウト―アウト―アウトで追い抜いたことがあるよ。決勝ではタイムよりも競っているライバルの前に出ることが一番重要だからね。予選の時は、ベストラップタイムを狙うのでアウト―イン―アウトでないと、ベストラップは叩き出せないね」と、核心の話を聞かせてくれた。

日産大森・新社屋建設のため三田に移転

　1972年（昭和47年）4月頃、日産大森工場新社屋が地上7階建て鉄筋造りで建設されることになり、その間、大森が発足する前に使用していた東京都港区にある三田工場に引っ越すことになる。この三田工場は城北ライダースから大森ワークスと契約した直後の数年間を初期メンバーが過した場所である。新社屋は、狭かったベンチ室（エンジン実験室）も新たに2室（同時に2機のエンジン実験が可能）が建設され、中央の部屋が制御室・冷暖房完備の最新設備に産まれ変わることが次第に明らかになってきた。三田工場で一番困ったことはベンチ室が無くなったことで、エンジン組み立て後の慣らし運転や性能測定が新社屋完成まで出来なくなった。

　その対策は、TSサニー用A12型エンジンが完成後、一般車のエンジンと載せ替え、三田から東名高速道路を浜松西ICの次の三ヶ日インターチェンジまで往復することで解決した。この時のメンバーは私と高橋政弘氏のコンビ。三田を出発、東名高速道路下り線を快調に走行、御殿場、沼津と順調に走行してゆく。

　TSレース用エンジンを載せたわけだが、排気管マフラーなど、他はノーマル車のためと馴らし運転中のため、普通の車と同じような感覚で運転できるし性能差もあまり感じない。

　天気も快晴、走行を続けて浜松西ICを過ぎた頃、助手席の高橋政弘氏が叫んだ。「水温が上がっている！」。見ると、指針は90度から更に上昇を続ける気配だ。「何が起きた」「路肩に停止するのは危険だ。近くのバス停まで行けないか」「だめだ、路肩に停止しよう」。当時は、まだ交通量も少なかった。サッと飛び降り、ボンネットを開け、ラジエターキャップにウエスを被せ、少しずつ圧力を抜いた後で、キャップを外す。予想通り、ラジエター注入口から中を覗くと冷却水がなくなり、コアが見えている。

　一瞬、思案。レーシングメカニックの本能が呼び覚まされる。そこで次に行った行動は「ウォッシャータンクの液を入れよう」。この頃のウォッシャータンクは、水枕のような柔らかい袋状のものだった。取り付けも金具に引っ掛けるだけのタイ

プだったため、簡単に取り外し液を入れられた。「だめだ、全然足りない」。
　一瞬、頭脳をフル回転…閃いた。「向こうを向いててくれ、小便を入れるから」。狙いを入口に定めてするも、風にあおられ周囲に少し飛び散るが、緊急事態、気にしない気にしてなどいられない。私が終わると高橋氏も後に続く。
　「出発！」。水温計に注意しながら発進すると、幾分は水温が下がっている。効果あり。何とか三ケ日ICに辿り着き、下道に出ると、近くの民家に駆け込んだ。「水を分けて貰えませんか？」と、事情を説明して、お願いすると、快く分けて頂き、ラジエターを満タンに満たす。「途中で補給する水が欲しいが何か入れ物はありますか」「これじゃ、だめかね」。お酒が空になった一升瓶を分けて頂き、水を入れて助手席の人が手に持って、帰路につく。水温計の針が少しでも上昇気配を示せば、飛び降りて補水する考えだったが、意外と長時間大丈夫で、三田工場に帰り着くまで一回の給水でたどりついた。
　「原因はどこ？」。その日に家に帰ってから悶々としながら眠りについた。翌日に分解した結果、ヘッドガスケット吹き抜けだった。U20エンジンでは何度か経験していたトラブルだが、A12型ではそれまで経験していなかったので、予想外の出来事。もっとも戦いの場であるレースは、トヨタ、ホンダも性能向上を狙って、極限までチューニングを煮詰め挑んでくるため、A12型の圧縮比も、12対1から、12.3対1と高めてきていたため、発生してもおかしくなかった。
　一度でもオーバーヒートを発生したエンジンは、特にシリンダーヘッド下面（ガスケットに接する部分）に、歪みが発生し、均一の面圧でヘッドガスケットを圧縮してくれない。定盤の上にバルブコンパウンドを盛り付けておき、シリンダーヘッド上側に重しを載せた状態で左右にすり合わせ、均一に下面を修正して歪を取ってゆく。多少の信頼性は低下するものの、造りこんだヘッドを、そう簡単には処分できない。それほど素性の良い部品（特にシリンダーヘッドおよびシリンダーブロック）は貴重品なのである。

チェリークーペ1200Ｘ1-R、星野一義選手の活躍

　日産車初の「フロントエンジン、フロントドライブ」（FF）車として1970年9月にチェリー（K10）が新発売される。最初は4ドアと2ドア、A10搭載の1000cc、A12SUツインキャブ搭載のX1。1971年3月、3ドアクーペモデルを追加。1973年3月に待望のオーバーフェンダー付き、X1-R（KPE10）が追加発売される。
　1972年4月9日開催、《レース・ド・ニッポン6時間耐久レース》富士スピードウェ

イ左回り4.3km、星野一義／歳森康師のコンビで初めてチェリークーペ1200X1-Rで参戦する。カラーは白と空色で、リアフェンダーに小さくHOSHINOと、私が切り文字ステッカーを作って貼り付けた。

　耐久レースなので、同じクラスのカローラ、スプリンター、パブリカ、ホンダ1300の他に、排気量の大きなフェアレディ240Z、スカイラインGT-R、マツダ・カペラロータリー、トヨタ・セリカ1600GT、いすゞベレット1600GTなどとの混走。レースは6時間で争われた。総合優勝は久木留博之／竹下憲一組・セリカ1600GT（194周）が飾るが、総合2位に、何と大排気量車多数を寄せ付けず星野一義／歳森康師組・チェリークーペ（190周）が入賞する快挙を達成。

　なぜ、こんな番狂わせが起きるのか。それはFF駆動方式に秘密が隠されている。このレースの天気は悪天候で、霧と雨で路面は濡れていた。レース当日に雨が降り、悪天候になればなるほどチェリーの横置きエンジン・前輪駆動が威力を発揮した。だからレース当日の天気が雨になると「今日はチェリーの楽勝だね」そんな会話がパドックでささやかれた。

　1972年5月2日〜3日《日本グランプリレース》、富士スピードウェイ4.3km左周り20周にも参戦。このレースも混走のため、総合優勝は舘信秀選手／セリカ

ル・マン式スタートで6時間レースの開幕。2台のフェアレディZに次ぐ3番手に上がったチェリークーペは、豪雨の中、大排気量車を相手に総合2位に食い込んで見せた。このときのドライバーは歳森康師／星野一義。1972年4月9日《レース・ド・ニッポン6時間》

1600GT、1300ccクラスの1位・久木留博之選手／カローラクーペ、2位もカローラで、チェリーは歳森康師選手3位、星野一義選手4位、都平健二選手は6位で終わる。

1973年7月1日《日本オールスターレース》、富士スピードウェイ4.3km20周。サニー、カローラ、パブリカが参戦する中で、優勝・星野選手／チェリークーペ1200X1-R（大森ワークス）、2位に歳森選手／チェリークーペ1200X1-R（大森ワークス）とワンツーフィニッシュを飾る。3位に東名マルゼンテクニカサニー／高橋健二選手と表彰台を日産車が独占する。

1973年10月9日・シリーズ第4戦《富士マスター250キロレース》、6km30度バンク使用20周。このレースで星野選手／チェリーは2分05秒98をマークする。1971年に私が担当した黒沢元治選手／サニー1200GTがコースレコードをマークした2分13秒11と比較すると、同じ排気量ながら7秒以上タイム短縮されているから自動車の進化とタイヤの進化は凄い。

決勝レース、スタート直後はサニーが速く、1周目ヘアピン先頭は真田睦明／メッカサニー、2位に秋山孝司／土屋サニーと続くが、真田選手は最終コーナーまでにミッショントラブルで脱落、先頭に立った秋山選手もクラッチトラブル発生でリタイアと波乱の幕開けとなる。このレースも星野選手が優勝、2位には予選2位の高橋

富士スピードウェイ逆回り1コーナーに集団で突入するワークス1300cc対決。No.14都平健二、No.16星野一義、No.15歳森康師のチェリー勢と、パブリカとカローラクーペが混在するトヨタ勢。1972年5月3日《日本グランプリレース》前座TS-a

健二選手／東名マルゼンテクニカサニー、予選5位と後塵を拝した辻本征一郎選手／チェリークーペ1200X1-Rは大森ワークスのプライドを掛け、予選4位柴田正裕／東名サニーをかわして3位入賞。この年、星野一義選手はチェリークーペX1-Rで2勝を挙げる。チェリーは初参戦から2年6ヵ月間活躍し、78年5月28日《レース・ド・ニッポン筑波》まで、14戦戦った。

　この頃、日産大森契約ドライバーとなった星野選手は先輩ドライバーに追い付け追い越せと、内に闘志を秘め、誰よりも多くサーキットを走り回った。「尻の皮が剥けた」。まして、それまでのFRサニーと違い、FF車をどのように乗りこなすか、誰よりも熱中していた。後に「日本一速い男」というキャッチコピーが雑誌を飾るようになるが、誰よりも強烈に、とことんレースに熱中した結果である。

　このチェリーは発売後、社用車が来てすぐに乗る機会が訪れたが、アクセルを踏み込むとSUツインキャブレター仕様で、レスポンス抜群、だがクラッチミートを失敗すると、その場でダッダッとフロントタイヤは空転、着地した途端に猛然とダッシュするじゃじゃ馬だった。このクセの強い車をテクニックで乗りこなす、おもしろい車でもあった。

　村山工場で最初に開発された初期仕様のチェリーX1-Rのエンジンルームを覗き込むと。何と、フロント・スタビライザーは、極太タイプが3本も装着されフロントが固められていた。その後に熟成されてきたFF車とは、大きく異なっていた。

まだ珍しかったFF車両のチェリーX1-Rクーペを駆って星野一義は実績と経験を重ねていった。カーナンバーとドライバー名は著者が記入している。サニーのチューナーとして東名自動車、土屋エンジニアリング等が台頭しつつあった。1973年6月3日《富士グラン300キロレース》前座マイナーツーリング

スタビライザー3本装着は普通では考えられない仕様であり、いかにじゃじゃ馬であったかが窺い知れよう。タックイン（旋回中にアクセルを離すと（エンジン出力低下）ハンドルを切っている方向に急激に切れ込む現象）は強烈で、LSDが組み込まれていたためアンダーステアも強烈であった。星野選手は、誰もが嫌がるクセの強いFFチェリーを自分のテクニックをいかに酷使して組み伏せるか情熱のすべてを注ぎ込んでいた。チェリーを駆って一年後には「FFの星野」というニックネームが紙面を飾ったことでも当時の活躍が読み取れる。

富士ツーリストトロフィー、残り10周での落胆

　1972年11月3日、富士スピードウェイ右回り30度バンク使用6km、《第7回富士ツーリストトロフィーレース500マイル》（約805km）という耐久レースに2台の大森ワークス・サニーが参戦した。

　私の担当は鈴木誠一／寺西孝利組・サニークーペ1200GX、もう一台に、星野一義／辻本征一郎組・サニークーペ1200GX。出走台数47台、その他の車種名は、スカイラインHT-GTR、サバンナRX3、カペラ、ブルーバードU、セリカ1600GT、ベレットGT-R、カローラ1400クーペ、チェリークーペと多彩。

　長距離レースは本当に長く過酷だ。タイヤ、ブレーキも悲鳴をあげ激しく摩耗するし、エンジン、ミッション、デフなど駆動系を含め容赦なくトラブルが襲ってくる。ドライバーもコクピット内に侵入した排気熱で体力を奪われてゆく。燃料補給、タイヤ交換、時にはブレーキパッド交換などメカニックも絶えず緊迫した時間が経過してゆく。1回目の燃料補給が無事に終了すると、大事なポイントは何リットル補給できたのかを慎重に調べる。もしここで僅かなミスでも発生すると、途中でガス欠リタイアにつながる。次の2回目燃料補給に備えてガソリンタンクに規定量の補給を行うなど何かと忙しい。交代で食事を取りながら万が一のピットインにも備える。

　レーシングエンジンでも15周レースなど短距離レースであれば、オイル消費は（オイルが燃えてオイル量が減ってゆく現象）問題とならないが、長距離レースでは途中のピットインでオイルを補給しなければエンジン破損（焼き付き）に直結してしまう。燃料補給作業などのピット作業をする場合、外に出て作業できる人数が何人までと規則で決められているため、あわてて応援に出て人数がオーバーすればペナルティが課せられる。

　オイル補給を1秒でも早く行うために、私はワンタッチでオイル補給が出来る特

殊工具を考案して製作し、ピット内に持ち込んでいた。担当が違えば同じワークスでも戦略も異なってくる。メカニックは短距離レースであれば2〜3名で担当することが多いが、耐久レースともなれば燃料補給、タイヤ交換、時にはブレーキパッド交換などが発生するため、4〜6人が一チームとして担当することになる。もう一台の担当者から、レース中にオイル交換を行うらしいという情報が入ってきたが、私の担当する鈴木／寺西組はオイル補充のみで送り出すことに、ドライバーと事前に協議して決定していた。

　長距離レースは車、エンジンだけの耐久性が試されるだけでなく、ドライバーの体力も著しく消耗する。レース中に水分補給できるようにドリンクをロールバーに固定し、ビニールホースでレース中に飲めるように工夫する。当時のTSカーは軽量化目的で、アンダーコートなどをすべて剥がし、エアコン、パワステ、ブレーキ倍力装置（マスターバック）等も、全て取り外し徹底的な軽量化を図っていた。

　フロントガラス以外はアクリル板に交換、ボンネットやリアハッチなどはFRP製に交換。ドア等も内張りの内部を切り取り、ドア内部のステーなど、余分な所はホルソーで、ひたすら穴を開けて軽量化を図っていた。この時代は、いかに軽量化して馬力当たり重量を軽くするかに焦点をあてたチューニングであった。

　後にアタックレーシングを設立しMVS（マシン・バイタル・システム）という新アイテムを開発・施工してゆく経験を積めば積むほどボディ剛性の重要性を痛いほど痛感させられている。穴を一箇所あけるだけでボディ剛性は著しく低下する。私は革新派と前に書いたが意外とレース界は保守派が主流を占めていて革新技術を否定する傾向を示す。

　耐久レースは排気量1600〜2000ccと、さらに上位クラスの車との混走であった。総合優勝や総合順位、クラス優勝やクラス順位で争うこととなるわけだが、サニーの排気量は1300ccと小排気量のため1300ccクラス優勝が目標で、あわよくば総合で上位を窺いたいといった状況。

　鈴木選手はトラブルもなく順調に周回数を重ね、予定どおりに燃料補給でピットインしてきた。同時にエンジンオイル補給も特殊工具の恩恵を受け短時間で終了し、コースに復帰する。順位も次第にアップし、レース残り周回数が20周を切る頃になると、クラス優勝どころか、総合2位まで順位を上げてきていた。違うクラスにはサバンナRX3、カペラ、セリカ1600GT、スカイラインHT-GTRなど強豪揃いの中での好位置であったから、次第に気持ちも高揚してくる。

　「もしかしたら、総合優勝も夢ではない…何事も起きませんように」。そんな思いが脳裏をチラッと横切る。必死に祈りながら戦況を見つめていた。快調に周回を

重ね、とうとうラスト10周が近づいてきた。「よし、ここまでくれば残りわずかだ」。私は、L10（残り10周）を意味するサインボードを持ってピットレーンを横切り、ピットサイン掲示場所に向かい、ガードレールに身を寄せて最終コーナーを注視した。

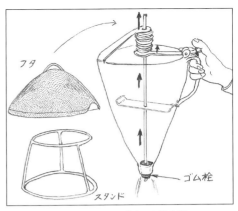

自作のワンタッチ式オイル補充器

最終コーナーに鈴木誠一選手が現れた途端、白煙が高く舞い上がるのが見えると同時に、急に進路を変えた鈴木サニーがピットレーンに駆け込んできた。「何が起きた！」。ピットインしたサニーのボンネットを開けた瞬間、事のすべてを理解すると同時に全身の力が抜けて行く。エンジンルーム内はエンジンオイルでずぶ濡れ状態で、右側のシリンダーブロックに直径10cmほどの大きな穴がポッカリと口をあけていた。コンロッド大端部（軸受）のメタルが焼きついたため、コンロッドがぶち切れてブロックを突き破っていた。エンジンの主要部品が壊れてしまったため、打つ手はない。「何とかならないか？…ガムテープで塞いで何とか走れないか？」と、鈴木誠一選手が哀願するような目をしてつぶやいた。私も同じ気持ちだが、現実は手の打ちようがないのは一目瞭然。それは二人とも痛いほど解っていた。

最後の1周さえ走り切りチェッカーさえ受ければ完走扱いに変わるが、残り1周でも途中で停車してチェッカードフラッグを受けることが出来なければ、完走扱いにならずリタイアとなる。こみあげてくる無念の想いで唇を痛いほど噛みしめて、このレースは終わった。

レースが終わってから後日になって思うことは「もしかしたら、ピットインした際に補給したオイルの量では足らなかったかもしれない。時間がかかってもオイルレベルゲージで確認すればよかった」と、後からいくら悔やんでみても、どうすることもできない。結果は結果として無情に付きつけられる。後々まで記録として残るのが勝負の掟だ。

優勝はサバンナRX3／133周、2位にカペラ／130周、3位にセリカ1600GT／129周が入った。鈴木誠一・寺西孝利組の周回数は124周、結果はリタイアで終わったが、総合2位のカペラと6周しか違わない。レース観戦を解る人であれば、いかに健闘したか解ってくれるに違いない。ちなみに完走は31台。失敗を成功の糧に変え、

雨の中、富士TTで疾走する大森ワークスのサニー。このNo.37は辻本征一郎/星野一義のコンビ。鈴木誠一/寺西孝利組のもう一台は終盤のトラブルで涙をのんだ。1972年11月3日《第7回富士ツーリストトロフィー》

次の機会に活かすしかない。よくも悪くも、ごまかしようのない結果を突きつけられるのが厳しい勝負の世界の定めだ。

大森分室新社屋完成

　約1年後(1973年頃)に、待ちに待った鉄筋コンクリート製、地上7階建て新社屋が立派に完成する。古くからあった3階建てのビルはそのまま存在し、3階部分に新旧を連絡する通路が設けられた。参考までに新工場の簡単な間取り図を書いてみよう。

　旧3階ビルの1階は部品庫と代わり、国道側はギャラリー、2階はSCCN(日産スポーツカークラブ＝宮古君江さん)事務所と日産観光、3階に私達が使用する更衣室、事務所、会議室、食堂、娯楽室(卓球台)があった。

　新工場の1階フロアは直納部の整備工場。名称が表すようにメーカーから、ディーラーを通さないで直接に購入者に販売する車両を担当する。例えば、パトカーや天皇陛下の皇室用車両プリンス・ロイヤルのメンテナンスなども行っていた。

　2階は駐車場と直納部事務所。このビルの特徴として、内部に柱を持たない画期的な構造であった。

3階はエンジン班でエンジン分解組み立てに必要な設備を完備した。蒸気で部品洗浄する大型洗浄機（後に撤去）、奥には中古ながら旋盤が入った。最初の頃は伊藤忠輝班長（後に組長）以下、約10名構成のスタッフで始まり、退社、入社、メンバーローテーションなどで変化を遂げて行く。

　ポート研磨室は個室（3室）に分かれていて、多くのアイデアが盛り込まれる最新設備を要した。大森分室が凄いのは、日産自動車本社の分室ながら、業務に必要とする街工場のような小回りが利いたこと。レースなどの戦いの場においては効率良い決断や行動が自由にできてこそ力を十分に発揮できる。大会社の組織はともすると決済や打ち合わせなどが多く時間的なロスが生まれる。重要なことは現場の生の声が課全体に反映され、タイムリーに遂行されて行かなければならない。日産大森ワークスが黄金時代を築けたのも、競争力のあるエンジン＆車種＋チューニングの先端を行く技術＋優秀なドライバー＋それらを生かせる組織がガッチリと噛み合って生み出された結果である。どの要素が欠けても優れた結果は得られない。鶴見工場（エンジン製造）を定年になり定年延長でエンジン経験豊富な西善作氏も工場設計に参加した。

　蒲谷英隆氏（後に組長、係長へと昇格）に後年になって聞いた話では、新工場建設にあたって、西善作氏の長年の経験に裏うちされたアイデアやアドバイスなど、非常に助けられたという。

　研磨台は机形状になっていて、奥にダクトが設けられ、粉塵を吸引してくれる。研磨した切粉は下の金網から落ち、すり鉢状の中央に貯まる。中央には引き出しが設けられていて、貯まった切粉を簡単に捨てられる構造。上面や左右にはアクリル板が設置され切粉が周囲に飛散するのを防止する。上下可動式の椅子に座って研磨作業を行う。防塵マスク、防塵メガネで完全に防備しての長時間作業も楽に行えた。

　エンジン分解・組み立て室は、広いフロアで同時に8名がオーバーホール（OH）を行える。各自には、エンジン分解台、長方形の机（上部と下部にも棚があり分解した部品や工具を置ける）、椅子が用意されている。エンジン分解台は、木製の台から、最新の金属製分解台に変わり、エンジンを取り付け、ロックレバーを押せば、自由に回転出来るタイプ。分解に当たって、オイルや水の排水も下に受け皿を置いて簡単に出来る。分解台の置かれた真上の天井にはレールで自由に動くチェーンブロックが設置されていて、エンジン置き場までスムーズに移動できる。シリンダーヘッドやバルブ関係などの細かな分解組み立て作業や燃焼室容量測定作業などは、椅子に座った楽な姿勢で正確な作業を可能とした。

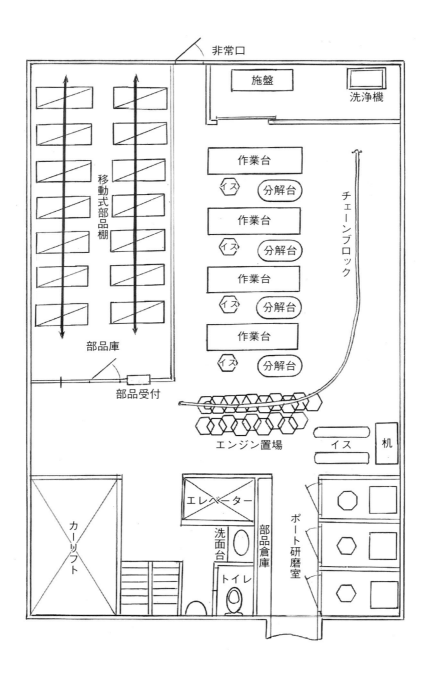

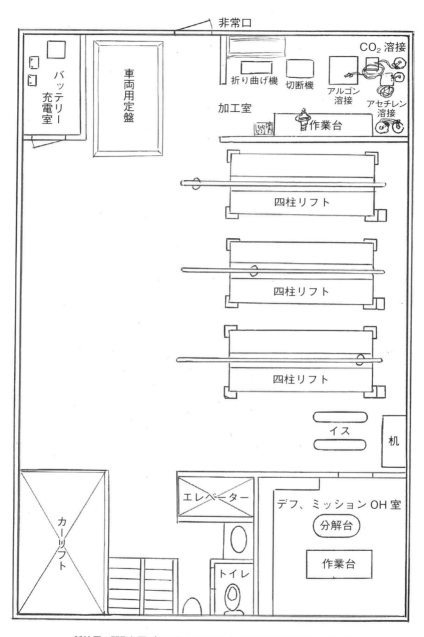

新社屋の間取り図。左の3Fはエンジン班・部品班、右の5Fはシャシー班

チームに所属するレーシングメカニックは給料の大半を工具購入費に充当し、スナップオンなどの一流銘柄工具を揃えていた。「工具を見れば、ある程度の腕前が解る」。職人の世界では、ある意味、当たり前。「弘法は筆を選ばず」は、いっさい通用しない。工具が悪ければナットを痛めるし作業時間もかかる。

　大森分室ではある程度の工具は準備されたが、流石に日産自動車となれば逆で、各人に高級工具を1セットずつ配ることは難しかった。ただし、サーキットに持って行き使用する工具は、時代と共に、次第に一流品へと変わっていった。その理由は、ル・マン24時間耐久レース参加を視野に入れたグループCカー（耐久レース）に参戦したため、外国製シャシーなどの整備が増えてきたことである。

　しかし、大森工場での作業は、昔ながらの両側にパタンと開く観音開きの工具箱であった。「時代に遅れている」。そう思った私は、下側にキャスターを取り付けた独自の工具棚を自作した。材料はレーシングカー改造用として、アルミ板、鉄板、アングル材などが車両改造用部材として豊富にシャシー班に用意されているため困らない。普通の工具箱と違うのは、一番上側にドライバーを差し込めたり、途中にメガネレンチを吊り下げられるように設計した。一番下に従来の工具箱（出張用）も置けるように工夫していた。あくまで短時間で効率よく作業を進めるために考案製作した。ある意味、メカニックのチューニング作業も時間との戦いとなる。競争相手に敗れ、早いときには2週間から1ヵ月後に次のレースがあるのが普通だから、それまで、いかにエンジン性能を向上させることが出来るかが重要な要素として勝敗にかかわってくる。私は無駄な作業は一切省き、次の戦いの武器となるアイデアを考案し、出来得る限りを尽くしてエンジンに盛り込んだ。

　この3階には部品・工具室も設けられ、新社屋移転と同時に、私は部品・工具班（係長直轄）に配属された。私より年配の山本隆敏氏が異業種から途中入社してきたが、私の教えに積極的に答えて短時間で覚えてくれた。若手の桜井俊明氏と3人で担当したが、数年でエンジン班、シャシー班と入れ替った。

　部品担当とは何か、オプションパーツから、純正部品、消耗品まで、あら

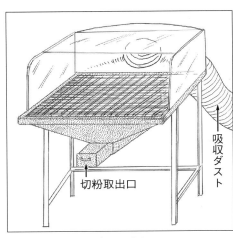

ポート研磨台

ゆる必要な物を取り揃えておく。エンジン分解でピストンリング、メタル、バルブやオイルシール、ガスケットなどを交換する場合、指示書に従って、短時間で作業者に出庫する。作業者は無駄な時間を必要としないため効率良く作業が進められた。また、シリンダーヘッド面研や、シリンダーブロック・ボーリング加工なども外注業者に振り分けて依頼するのも私の担当であった。現場の長の蒲谷英隆氏が実践したとても優れた方式だといえる。

　近頃になって蒲谷氏から、こんな話が聞けた。「地方出身の人達も増え、社員というより全員を家族の一員と思い、将来のことまで考えていた。だから技術レベルを引き上げるように、一年毎に、エンジン班、シャシー班、部品工具班などのローテーションを組み込んだ」。エンジン一筋でとことん技術を追求する方法と、シャシー駆動系まで含めた車両全体を把握する方法と、二通りの考え方ができる。どちらが最善か一口に言えないが、私は後者が好きであったし、自動車全体を知ることが出来た。

　大森分室は、直納部と宣伝部の二つの部署があったため、1階、2階、4階に直納部が混在した変則的な配置となった。4階を挟んだ5階はシャシー班で、上野吾朗班長から後に高木保組長に代わり、約10名が配属。主に、車両改造、メンテナンス、サスペンション分解や点検整備、エンジン載せ替え及びメンテナンス、ミッション＆デフOHも行った。

　車両をタイヤで持ち上げられる大きなリフトを3台設置。奥に水平が出された車両用定盤が設けられ、精密な車高測定や調整、アライメント測定は、ここで行う。すぐ横は工作室で、アセチレン溶接、アルゴン溶接、電気溶接、TIG溶接を始め、大きな手動式折り曲げ機、足踏み切断機（鉄板・アルミ板切断）、卓上ボール盤、工作台（万力付）などの設備を完備された。

　TSサニーのフロントスポイラーなども、アルミ板を折り曲げ、アルゴン溶接して製作できるようになった。初期型のスポイラーは出歯のように付き出した形状であったが、後年になると、ボックス形状に変わ

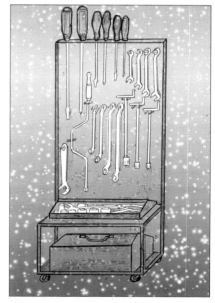

自作の工具スタンド

り、ブレーキダクト導入口は前方ではなく上側に開けられた。この例が示すように、空力は見た目での判断が難しい。更に、12畳ほどの広さのデフ・ミッションの分解組み立て室が完備され、輸出用LSD組み込みデフの組み立ても行った。通常は各班に分かれて業務を行うが、出張などは、仕事の空き具合など、所々の事情を考慮し決定される。また、その時々、色々な業務が舞い込むため、臨機応変に対応したので、メンバーはその都度変更になり、あらゆる業務を体験できた。

　6階は駐車場と本社サービス部と塗装室、この塗装室は主に私が数回使用したくらいで、全塗装は工数や仕上がりの関係で外注に依頼することが多かった。

　旧工場の屋上に登ることが出来、昼休みなどはよく登って周囲の景色を眺めることが多かった。羽田空港が近い関係もあって離着陸する飛行機が見えたし、すぐ近くを飛んでゆくことも多い。それを眺めながら、どんな人たちがどこに向かうのか想像すると日常から解放された気分にひたれた。平和島競艇場も見えるので競艇が走る姿も遠目ながら見えるし、競馬場も遠くに見えた。工場のすぐ横に運河があって、私が初めて大森に配属された頃は、濁って悪臭が漂っていた。新社屋が完成した頃になると、東京都の環境基準が厳しくなり、いつしかハゼなどの魚がやってくるように変わってきた。釣り好きな辻本征一郎氏が釣り糸を垂らしてハゼ釣りを楽しむほど綺麗になった。またある時は、UFOもどきの丸い円盤をフライトさせる光景も目撃できた。

　新館の隣に別棟のエンジン実験棟が造られた。旧タイプは狭い部屋で、排気音・エンジン音だけでなく、あらゆる騒音、熱気などが襲ってきた。操作も同じ部屋で行い、4000回転時の点火タイミングを測定する際も、真っ赤に焼けたデュアルエキゾーストを横目で見ながらエンジン側面を往復しなければならなかった。

　新しく新設されたエンジン実験室（通称ベンチ）は部屋の広さも、数倍になり、左右に2室、中央に冷暖房完備の操作室というレイアウト。目の前の二重ガラスを通してエンジンルームが見える。もちろん、すべての壁は厚みが15cmほどある防音壁で作られている。ベンチ室で重要なことは、防音壁によって密閉された部屋になるため、いかに吸気、排気の流量をコントロールして、解放された空間に近づけるかが課題となってくる。

　エンジンの吸入する空気量は一般レベルのエンジンと比較しても、軽く数倍をこえる。多く空気を送り込んでしまえば加圧され、測定馬力はアップ、足らなければ吸入吸気量が減少し、性能ダウン、温度変化が大きく変動しても正確な測定値とならなくなってしまう。ベンチ室は排気系の取り回し、空調設備、動力計との接続方法などの違いにより、どうしても測定馬力の差が出てしまうことは避けられない。

エンジンと動力計を直結する方式だと何かと困るので、ミッションもクラッチも装着した状態でエンジン実験を行っていた。新設されたベンチ室も、4000回転で点火時期測定を行う際は、エンジンの横をすり抜け往復しなければならなかった。そこで動力計後端部の回転部分に加工を施して点火時期測定を行ってみた。

　すると「目盛が移動してゆく…」。この意味するところは、エンジンと動力計が完全一体で連結されていないことを意味する。結論として（クラッチが少しずつ滑っている）という事実を把握して驚いた。後年になってオートマチックで燃費向上対策としてロックアップ（完全直結）が行われる理由も、実はここに隠されている。WRCラリー車が空中を飛んで着地した際も、クラッチが一瞬滑って過大な衝撃を逃がしてくれるため、ミッションのギヤや、ドライブシャフトが壊れるのをまぬがれている。

　エンジン班、シャシー班、部品工具班と分かれていたが、毎年、異動が行われたため、エンジン班からシャシー班、シャシー班からエンジン班と異動することで、技術取得に偏らないよう考慮されていた。私も、部品工具担当から、エンジン班、シャシー班、エンジン班と、頻繁に異動した。

　この大森分室は（2016年2月現在）更地になったと伝え聞く。このように歴史は大きく動き、この自叙伝に残さない限り、後世の人々はここで何が行われていたか知ることはない。

サニーTSエンジン担当時の逸話

　中小企業であっても大会社であっても、企業の根本は人対人で成り立っている。組織を構成する人員が多くなるほど、組織として機能し、職場風土も育まれてゆくが、人が多くなればなるほど、まとまりや方向性が重要となってくる。大森ワークスが発足し、次第に人の出入りは多くなり、人員も増えていった。そうすると、どこの会社でもあるように、多少の派閥ではないけれど、性格的に惹かれあう仲良しグループが自然発生する。私は会社を替っても、グループに属さないで誰とでも分け隔てなく仲良く過ごしたいタイプであった。派閥化はメリットも生まれる反面、デメリットも生まれてくる。スタッフが増え、多様な仕事をこなしてゆくと、戦いの場であるレースにおいては不利になることも多くなってくる。その理由は幾つか存在するが、一つの仕事を専門で追求してゆくことが非常に難しくなってくるからである。これは、どんな組織でも柔軟に対処しなければ同じような問題が起きるだろう。

後にニスモに変わって、サニー・エンジンの担当（同時にF3エンジンも担当）を任されたので、私は直ちに手を打った。

　最初に、ニッサン・レーシング・スクール・カーのエンジン性能差が大きいことに気がついた。レースでないので、それほど大きな問題もなく、弊害も無かったために、それまで見逃されてきた。なぜ、性能差が出るのかと、私は考えた。結論は、簡単に出た。「手が空いた人が、エンジン分解・組み立てを担当するから、同じエンジンを色々な人が次々とチューニングすることにつながる」。そこに大きな問題点が潜んでいた。

　新しく入った新人が何をするのか。必ずヘッドのポート拡大加工を実施する。一度でも使ったエンジンを分解すると、排気ポートには排気カーボンが付着する。OH時に、エアリューターを用いて、このカーボンを綺麗に除去するが、ほとんどの人が、除去するだけでなく、そこに自分の考えを実践すべくポート追加工を加える。最高馬力を発揮した最高のエンジンでも関係なく削ってしまう。少しでも性能を高めたいと考える落とし穴にはまる。最高の性能を発揮するポートを追加工してしまったら二度と元には戻らない。こんな大事なポイントが見逃されていた。

　そこで考えに考えた末に、この方法しかないと閃いた。「エンジン担当制を採用する。自分の担当エンジン以外は一切触らない」と、皆に告げた。「○○○君はNo.1エンジン担当。他の人はOHしない」「△△△君はNo.2エンジン専属担当」「私は、No.8エンジンを担当。藤澤以外はOHしてはいけない」。このように、小さな会社では普通に行われていることが大きな組織では逆に出来なくなることも日常的に起きてくる。

　担当制に加え、もうひとつ、重要な決定を行った。「シリンダーヘッドにA，B，C記号の打刻を行う」。140馬力以下のヘッドには「C」刻印、150馬力以下のヘッドは「B」刻印、155馬力以上のヘッドには「A」刻印を打刻した。「C」刻印のヘッドはポート研磨しても良いが、「A」刻印のヘッドのポートは一切の加工は許さない。更に、もうひとつ工夫を盛り込んだ。10数基あるエンジンの中で、一基だけ最高馬力を発揮するエンジンがあった。「何とか、このエンジンのポートを他のエンジンにも同じように移植できないか？」と考えた。その裏にはヘッド単体、ブロック単体で、性能が出やすい個体、出にくい個体が存在するが、ポート形状がエンジン出力に大きく影響することを把握していたからである。

　ポート形状は三次元で複雑に曲がりくねっている。技術員はシリコンを流し込んで、形状測定を行い、寸法などを図面化していた。データとして残っても、実際の作業にそのデータを反映し、同じに削ることは不可能に近い。そこで断面に相当す

る、型紙を製作することにした。右側面の断面型紙、左側面の断面型紙、更に上下側面の断面型紙、合計4枚の型紙である。削りながら、この型紙に合致するように削ってもらう。次に、太さはどう解決するのか？これも型紙で対応することにした。ポイントとなる数ヵ所の断面形状（ポートを輪切りにした断面）を測定し断面型紙を作り、真ん中に棒を取り付け、差し込むことでポート入口から何cmの所は、この形状と大きさに合致するように削る。できるだけ簡単に測定できるよう工夫した。これで完全再現は難しいが80〜90％は再現できると見込んだ。

　「試しに、この型紙で、削ってみてくれ」。刻印「C」のヘッドを、経験の浅い人を選んで削らせてみた。結果は予想したとおり、ポンと馬力がアップし、刻印「C」から「B」に打ち変えることができた。人間のおもしろい習性として「自分の考えていることを盛り込みたい」とする傾向を誰でも持っている。特に向上心溢れる新人ほど、その傾向が強く表れる。それが良い方向に向かえば良いのだが、レースのように、熟成してゆかなければならない作業には障害となってくる事態も起きる。ここが大きな組織のウィークポイントに繋がってくる。だから、組織の活性化はポイントを押さえて行わないと良い結果に繋がってゆかない。

　ポート型紙作戦は成功し、140馬力以下「C」刻印のヘッドはすべて「B」刻印のヘッドに昇格してゆき、次第に「A」刻印のヘッドも生まれるように変化した。エンジンチューニングを熟成してゆくためには、大組織が必ずしも良い結果に結びつくものではなく、少数精鋭が好ましいという一例である。

　これとよく似た事例で、小さな有名ショップの方から個人的に相談を受けたことがある。「一基、凄く性能の良いエンジンがあったのだが、最高性能が出なくなってしまい、どうしてよいか、迷路にはまり困っている」と、私に相談が持ちかけられた。事情を聴くと、予算の関係（高価なオプションチタンコンロッドなどが買えない）で、同じエンジンに次々と手を加えていることが解った。「ダメだよ、1基最高のエンジンが出来上がったら、それには一切、手を加えないで、もう1基同じ物を作らないと、本当の意味で自分の技術が完成されたことにはならない。それが出来てから、初めてどちらか1基をいじってもよいが…。それだと元に戻れなくなるため迷路に迷いこむことにつながる」。このポイントこそ、永遠に通じる私の掴んだノウハウである。

　組織が大きくなると、上からの命令で「165馬力を目指せ」とか達成目標が掲げられることが多くなる。忠実な部下ほど命令を忠実に実行に移す。一般の業務であれば、これが当たり前であるが、勝負の世界では時に的外れとなるケースも出てくる。そんな経験を何度か、体験してきた。

F3エンジンの時は上司から呼ばれて「藤澤、何で3馬力落ちているのだ…」「タイムは2秒上がっていますが…」という会話を交わした。
　果たして真意が伝わったかどうかは解らない。馬力を落としても加速性能やピックアップを重視した結果として3馬力落ちた。どうしても馬力だけを求めた場合、必ずしも戦闘力のあるエンジンには仕上がってゆかない。レースはあくまで周回ラップタイムを競う競技であり、ゼロヨン競技とは異なるからである。この微妙な関係を上司がどこまで理解しているかにかかってくる。
　初期の開発が終わると大森に移管されてくると他でも書いたが、チェリーX1-Rも同様な経過を辿った。サーキットで荻窪チューンのチェリーX1-Rの走りを何度か見た。「フォーン〜」凄く甲高くすこぶる良い音で、エンジンが高回転で回っていることが素人目にも解るほど。でも、車の加速を注視していると、何だかスローモーション映画を見ているかのように車は前に進んでゆかない。簡単にいえばトルクが細い。その時は「どうしてかな」と疑問を抱きながら見ていた。
　大森に、その時のレース専用ヘッドが移管されてきたのは大分経ってからのこと。早速、エンジン実験室で性能測定が行われた。確かに、ベンチでは165馬力を軽くマークする。私はヘッドポートをひと目見た瞬間、すべての謎が解けた。「このポートの太さは1800〜2000ccの大排気量エンジンにマッチングする太さだね」。
　大森ワークスは、その頃、実績を残している小規模な有名チューナーと接触する機会も多く、チューニングの神髄に関わる会話を、何度も交わしている。お互いに、探りを入れる意味合いも含むが…。「ポートは細いほど高回転が回るね」と、ある有名チューナーが言ってきた。「その通りだね」とニッコリ笑って私は答えた。
　このチューナーはA12オプションヘッドのポートを特殊ボンドで埋めて、内径を細くしていた。更に、なるべく上方から空気が入るように、ポートとインマニに独自の加工を施していた。日夜、それを生きがいとして閃いたアイデアを短時間で盛り込める環境が間違いなくそこにはあった。この環境こそが最高の武器となる。また、大組織特有の、上司の命令や、決済や、経理の承認など必要としないで、速攻で実行できる強みを持っている。
　ポートが太ければ太いほど、吸入空気の流速は落ちてくる。例えば9000回転で回っている時、カムシャフトは半分の4500回転、バルブが上下する角度はカムシャフト作動角やバルブクリアランスで多少は変化するもののバルブが開閉している時間はわずかコンマ01秒ほどしかないのだ。この短い間に、いかに多量の空気を燃焼室に吸い込むことが出来るかで決まってくる。
　実際は、新人10人にポート研磨作業を行うように命令すると、10人が10人共に、

ポート径をできるだけ拡大する。「おい、口を目いっぱい開けて空気を吸い込んでみろ、吸いこめるか」「…吸えません」。

　読者の皆様も実際に試してみてほしい。肺がピストン負圧の役目だと想像しながら。「空気を吸おうとしたら…どうする」「口をラッパのようにつぼめて尖らします」「そうだよね、細くするよね」単純なことだけど、実際は単純なことほど難しいという一例。

　もっと難しい技術的なことを書けば、ストリートチューニングの場合も、真っ先にエアクリーナー交換など吸入側を改造する。吸排気が解ってくれば排出側の抜けを良くすれば自然と吸気側も入りやすくなる。ターボチャージャーやスーパーチャージャーのように強制的に空気を圧縮して送り込む方式だとポートは太くても構わないが。

　NAエンジンの理想的形状はコカコーラボトルや八頭身美人のボディのような形かな。全部がずん胴であると流速は速くならない。ベンチュリー効果を狙えばウエストがキュンとくびれ、バルブ近くの空洞が魅力的なヒップのようにボリュームあること。アクセルOFFから、アクセルONにした瞬間、遠くから空気が到達するよりも、より燃焼室に近いバルブシート付近に空気貯まりがあればピックアップに効いてくる。これが私の掴んだマル秘ポイント。表面形状がピカピカに輝いている方が良いのか凸凹が良いのとかの議論もあるが、割合から言えば、形状の方がはるかに上回るが、マル秘ポイントだけにチューニング雑誌等では語られない。

大森ワークスが手掛けたエンジンの数々

　フェアレディ1500・SP310＆SP311／G型エンジン、ブルーバード410／E12型エンジン、フェアレディ1600・SP310＆SP311／R16型エンジン。ここまでのエンジンは大森分室として正式発足する直前にチューンされていた。

　フェアレディ2000・SR310＆SR311／U20型エンジン。この頃はオプション部品があまり揃っていなくて、純正ピストンを軽量化したり、加工を加えて使用していたが、正式発足に合わせ急速にオプション部品開発及び販売が活発に行われ始めた。

　チューニング雑誌などで、コンロッド研磨などが紹介されているが、1960年代から70年初めころまで行われていた手法である。純正品の軽量化と重量合わせを兼ねて行われていた。その後は、ワークスチームではチタンコンロッドやH断面形状の削り出しコンロッドなどの登場により、研磨されることは少なくなってゆく。

資金的に厳しいプライベートチューニングにおいては現在でも行われている。

　サニーのＡ10型（TS仕様）、Ａ12型（TS仕様）、Ａ12Ａ型（1270cc・ラリー仕様）Ａ14型（ラリー仕様）、Ａ15型（TS仕様）、Ｅ13型（TS仕様）、Ｅ15型（TS仕様）と、移り変わる。

　時代の流れと共に、エンジンの種類も増えていったが、やはり名機の誉れ高いＡ12・TS仕様で多くのことを学べた。これは私だけでなく、日本のチューニングノウハウ向上に多大な貢献をはたし、続々と誕生した町のチューニングショップ、ドライバーにとっても多大な影響を与えた。

　オプションのカムシャフトだけでも、ラリー用70度カム（作用角は4倍）、74度カム、80度Ａカム、82度カム（作動角はメーカーやチューナーによって表記が異なる）があり、町のチューナー達も、76度カム、78度カムなど、独自の作用角カムシャフトを製作する。燃料系も多くはソレックス・キャブレターであったが、ウエーバー・キャブレター、最終仕様はメカニカルインジェクションのクーゲルフィッシャー仕様にも挑戦した。

　日産組織図は技術員の指示書に従い作業を進めるのが基本となる、私が第1回サービス出向（日産販売店の整備）から帰るタイミングで大森分室がNISMOに変わった。追浜特殊車両から大森に来た諏訪園俊幸技術員はＦ３エンジンチューニングに関し私に信頼を寄せ自由に任せてくれた。お蔭で本来は技術員が行うべきチューニング案を独自に考え提案し直ちに実行に移せた。但し、予算があまり掛らないという条件はあったが。レースという戦いの場において、次の戦いまでに許された時間的余裕は少ない。短いと次のレースまで20日間から1ヵ月ほど。その制約された時間内で、ライバルに対し、0.1秒でも早くチェッカーを受けるためには、新しい武器が不可欠となる。その武器となるノウハウを考案し次戦までに盛り込むことが最大のポイントとなるから、時間的ロスとなる指示など待ってはいられなかった。諏訪園技術員の英断に感謝したい。

　ＬＺエンジンやＣカーエンジン担当の岡寛技術員はレースに対する情熱も熱くレベルも高かったため、緻密な指示書を書いてきた。このような指示書であれば疑問点があれば、技術員と一体となり作業が進行できた。岡技術員はニスモ（日産自動車より出向扱い）になって1999年12月に一度退社してホシノインパルで活躍した後、2002年に今度はニスモに入社して活躍された。

　当時、メモ書きした私のノートからTS仕様Ａ12チューンの一部を抜粋すると‥‥
　○キャブレター選択＝ソレックス44φ、50φ、ウエーバー45φ、48φ比較。
　○ベンチュリー選択＝36φ、38φ、39φの比較。

グやメンテナンスを楽しんでいる。

　私がF3で全精力を注ぎ込んだ直列4気筒・DOHC16バルブ・FJ20型。このエンジンも同じ路線で、悪く言えばトラック用エンジンと思えるほど頑強な設計となっていた。

　スカイラインGTR／フェアレディZ432に搭載された名機・直列6気筒DOHC24バルブ・ソレックス3連装備のS20型。このエンジンも一言で表現すると「大きくて重い」エンジン。当時の一番の問題点は振動が凄かったため、その影響でミッションケースに亀裂が入ってしまう点。次々とケースの強化対策品が実戦投入され戦闘力を増してゆく。振動対策として組み上がったエンジンをトラックの荷台に乗せ、荻窪工場までよく往復した。

　エンジン実験室のような部屋に、エンジンを持ち込み台上に載せ、後方のモーター駆動によって1500回転でクランクを回してダイナミックバランスを測定する。調整はクランクプーリー＆フライホイール外周に、ドリルで穴を開けて実施する。ここまで細心の注意を払っても振動は完全には消え去らなかった。

　タペット調整は、トヨタはバルブリフターに大きなシムを載せたアウター方式であったが、日産は高回転で少しでも動弁系重量を軽減するため、バルブリフターの内側（バルブステム頂上）に小さな調整式シムを載せるインナーシム式を採用していた。1ヵ所でも規定寸法に収まらなければ、その都度、カムシャフトを脱着しなければならない短所を持つ。これも不要になったバルブを厚い鉄板に溶接し専用治具を製作。そのバルブステム頂上にシムを載せダイヤルゲージで測定することで、より実際に組み込んだ時の状態を再現できるため、コツさえ掴めば、数回のカムシャフト脱着でシム調整を完了できた。

　1978年頃、上級技能員講習を受けるため追浜工場に1週間前後行くことになる。上級技能員資格とは日産社内資格であり、各工場から集まった人たちが5～6人にグループ分けされ、職場の問題点などを夜遅くまで議論を交わしながら結論を導き出す座学と、実際の現場で働く実習とで実施される。

　私は丁度、立ち上がったばかりのVGエンジン（V型6気筒）の生産組み立てラインに割り当てられる。日産車体の事業内職業訓練生の頃を思い出す出来事だった。最初はエキゾーストマニホールド取り付け、後半には、完成したエンジンを5分間ほど実際に始動し、タペット音やオイル漏れなどの異音や不具合が無いか最終チェックするファイナルライン。異常が見つかればリペアに回され点検修理が行われる。奇しくも、このVGエンジンは、その後、グループCカーのエンジンとして使用されることとなる。

毎週日本のどこかでレースが行われている

　レース初心者の方にも、この本が解りやすく読めるように、少しだけレース事情について解説しておきたい。

　現代になっても、よほどのレース通でなければ日本グランプリレースや鈴鹿や富士のF1レース開催などビッグレースでなければ興味を示さない人は多い。これは当時も変わりなく、私もレースメカニックになるまで、正直なところ、とんと無知であった。

　「毎週、日本のどこかでレースが開催されているよ」と教えると、多くの方が驚きの表情を浮かべた。私がレーシングメカニックになった頃は三大サーキットがすでに存在していた。

　名物の30度バンクを備え、直線の長い富士スピードウェイ（御殿場市）。ビッグレースは右回りで30度バンク（死亡事故により閉鎖）を使用する全長6km。高速コーナーの100Rとヘアピンコーナーの戦いが見応えを生んだ。フレッシュマンレースなど、レースによっては左回りの4.3kmで行われた。

　対する西の鈴鹿サーキット（三重県）はテクニカルコースと呼ばれるように大小のコーナーが巧みに配置された世界的にも定評のある、F1ドライバーからも評価の高い全長5.807km。西コース使用でのフレッシュマンレースなどが開催される。

　首都圏に近い筑波サーキット（茨城県）は1970年（昭和45年）に一周2.045kmで開設。短い全長ながらテクニカルコースとしておもしろいコース。その後、全国各地に様々なサーキットが誕生、消滅しながらも数多くのサーキットで熱戦が展開されている。

　一般的にサーキットと言われるコースは純粋なレーシングカーが走るコースを表し、その他にも悪路を走るダートトライアル・コース、ドリフトなどを行うコース、レーシングカートが走るコース、広い駐車場でも開催可能なジムカーナを行うコースなど様々な形態や規模の違いがある。格式的にはFIA（国際自動車連盟）及びJAF（日本自動車連盟）の公認を受けた国際サーキットが一般に知られている。

　☆国際サーキット
　　　北海道＝十勝スピードウェイ（TSW）
　　　宮城県＝スポーツランドSUGO
　　　栃木県＝ツインリンクもてぎ
　　　静岡県＝富士スピードウェイ
　　　三重県＝鈴鹿サーキット

岡山県＝岡山国際サーキット
　　大分県＝オートポリス
　★格式がJAF（日本自動車連盟）公認サーキット
　　福島県＝エビスサーキット
　　茨城県＝筑波サーキット
　　千葉県＝袖ヶ浦フォレストレースウェイ
　　愛知県＝スパ西浦モーターパーク
　　兵庫県＝セントラルサーキット
　　徳島県＝阿讃サーキット
　この他にも公認以外のサーキットは数多い。モータースポーツに興味や縁が無い一般の方々が知らないだけである。私自身も調べてみて驚いた。小さなコースまで含めると北海道だけで64コースもある。また色々な経過を辿って閉鎖されたサーキットの数は全国で約30コースと数多い。少子高齢化の波を受けて減り続けるのは寂しい限りだ。
　　※サーキットは、2015年9月現在のものであり、名称変更、新設、閉鎖などが行われることをご了承ください。
　モータースポーツを知らない一般の方はレース＝暴走族と区別が付かないが、サーキットを走行するレーシングカーは改造の範囲や場所（部品等）はレギュレーション（競技規則）によって厳しく制限され、レース前に行われる車検により細部に渡り厳格な車検（車両重量測定、最低地上高、他）が実施される。
　レースと一言で言っても使用される車両の改造範囲や排気量の違いなどにより、レース区分は、その時々の規則によって次のように分けられている。時代によってレース内容や改造内容が変わることも多く、人気や参加車両、メーカーの戦略などでレースは頻繁に変化し現在に至る。
1．ワンメイクレース（ノーマルカーレース）。公道を走っている一般市販車を対象として、一つの車種だけで実施されるレースをワンメイクレースと呼ぶ。安全装置のロールバー、シートベルトなどの装着と一部の改造が許されるだけで、見た目も中身も市販車に最も近い。
2．ツーリングカー系。市販車をベースとした、通称「箱」と呼ばれるレース。サニー1200（B10）は改造範囲が広い部類なのでチューナーの腕の見せ所が多く、見る方も、同じ排気量でトヨタ・日産・ホンダ市販車が戦ったので盛況だった。サニー1200が活躍したTSレース、スーパー耐久、WTCC、DTM他。
3．ストックカーレースはアメリカでポピュラーなレース。定義は「見た目が乗

用車と同じマシン」で、改造範囲は大きい。NASCARが最も有名。
4．スポーツカー、プロトタイプ系。F1などのフォーミュラカーと違うのはタイヤがフェンダーで覆われている点。一時期、盛況だったシルエットカーも、外観だけシルビア、ブルーバード、スカイラインに見えたが、中身はプロトタイプカー（一台から数台限りの試作車）に外装だけ被せている。現在人気のスーパーＧＴも同様で改造範囲は広い。
5．フォーミュラカーは、4輪のタイヤがむき出しで葉巻型をしている。サーキットを速く走る目的で必要な物以外、一切装着されていない極限の競技車。ライトやワイパーも無い。最高峰にフォーミュラワン（F1・エフワン）がる。2006年よりF1の登竜門と位置づけられるGP2（4リッターV8エンジン搭載）が始まる。この他にF2（エフツー＝2000cc搭載）やF2000（2000cc搭載）、F3000（3000cc搭載、国内では1987〜95年）、F3（2000ccエンジン搭載だが吸気制限あり）、FJ1600（1600ccエンジン搭載）等がある。レース規定は頻繁に変更になるため年代および仕様については参考程度に記載した。

　　入門用フォーミュラカーとしてFIA-F4（エフフォー）がありシャシー（車体）、エンジンは各シリーズでFIA（国際自動車連盟）の許諾を受けたワンブランドのみが使用される。日本のシリーズ（F4　Japanese　Championship）は、トヨタ自動車の開発支援によって、JMIA（日本自動車レース工業会）との共同開発で生産された童夢社製モノコック『F110』に、トムス社開発による2リッター自然吸気（NA）直列4気筒『TZR42』型エンジンの組み合わせによる国産フォーミュラカーでレースが実施される。エンジン・車両の性能差がほとんどないため、ドライバーのテクニック向上に最適で、将来のF1ドライバーが誕生する可能性を秘める。

時代によって、クラスも新設されたり廃止されたり変化を遂げる。インディカーやNASCARなど、アメリカ独自の規則とコース（オーバルコース）で行われている。特に、F1は毎年目まぐるしくレギュレーションが変更になり、排気量、ターボチャージャーの有無、各種制御関係、スポイラー関係など大幅な変更が盛り込まれる。レースによっては排気量でクラス分けされている。一番早くチェッカードフラッグを振られた車が総合優勝、各クラスの一番手がクラス優勝となる。

この他に、サーキットで行われるレースと、悪路で行われるダートトライアル、悪路や一般道を用いて行われるラリー、舗装した広場でパイロンを立ててコースを自由に決めて行われるジムカーナやスタートから400m（4分の1マイル）までのタイムを競うゼロヨン、タイムと共に車をテールスライドさせて曲芸の得点を競う（フィ

ギュアスケートに似ている）ドリフト（D1）、燃費を競うマイレッジレース、小学生からでも乗れるカートなど、競技方法や楽しみ方は幅広い。

　レースを始めたばかりの初心者は、いきなりビッグレースに出場できない。プロ野球でもアマチュアから経験を積み、ステップアップしてゆくのと何ら変わりない。初心者は、カートで腕を磨き、フレッシュマンレースやジムカーナなどに参加してテクニックを磨いてゆく。私が所属した日産大森ワークスは、自動車メーカー直系のモータースポーツ部門であり、ドライバーもメカニックも一流が求められる部署であったが、初心者の相談窓口として別の顔も合わせ持っていた。

大森ワークス、TSレースから撤退

　1973年《日本グランプリ》に、追浜はサニー1400クーペ・エクセレント（KPB110）に4バルブDOHCヘッド・燃料電子制御（ECGI）を搭載したLZ14型・1600ccに、高橋国光、北野元、鈴木誠一、都平健二、辻本征一郎、寺西孝利、柳田春人、篠原孝道、久保田洋史選手など9台、大森ワークスは長谷見昌弘、星野一義、歳森康師選手／チェリークーペ（KPE10）3台と盤石の布陣で挑む。対するワークス・トヨタは、セリカ1600GT（TA22）／久木留博之選手、スプリンタートレノ（TE27）／高橋晴邦選手の2台のみと寂しい布陣となった。

　この時代になるとプライベートも多くなり、東名自動車からサニー1200クーペ（KB110）に、高橋健二、田沼昭雄選手等が参戦。ワークスと互角の戦いを繰り広げる。

　レース結果は圧倒的台数で包囲網を敷いた日産に軍配があがった。優勝・北野元選手、2位・都平健二選手、3位・鈴木誠一選手、4位に健闘した高橋晴邦選手、5位・久木留博之選手という順位で終わる。

　1300ccまでのクラス1優勝は高橋健二選手、クラス2位・田沼昭雄選手、3位・長谷見昌弘選手。プライベート・サニー東名自動車チューン・高橋健二選手がワークス・チェリーを打ち破った。このことは町のチューナーの技術レベルが飛躍的に高まってきたことを表している。

　1973年のシーズンを終了すると、プライベートチューナーやアマチュアドライバーも多数参戦するようになってきた。本来の目的であるユーザーによる積極的な参加を促すというメーカー（日産大森ワークス）の役割の終焉を感じ取る年となった。「資金も技術にも優れるワークスカーは、プライベート達に席を譲ろう」。レースに参戦しなくても大森ワークスの仕事は多岐に渡って精力的に活動していた。

　主な作業だけでも…

DOHCの新開発LZ14エンジンを搭載したサニー1400エクセレントがトヨタ勢を圧倒。ニッサン勢はボンネットの色を変えて判別。写真は都平健二、高橋国光に久木留博之セリカが挑む様子。勝ったのは北野元。1973年5月3日《日本グランプリレース》前座TS-a

○日産レーシングスクールに使用する車両の製作及びメンテナンス。
○日産ユーザーをサーキットで技術指導（無料）や、オプション部品販売及び交換調整作業（部品代は有料だが工賃は無料）。
○その時々で、レーシングエンジンのチューニング（レース用エンジンは単純なオーバーホールではなく、次のレース参戦で勝つために絶えずアイディアや新開発部品が組み込まれ進化してゆく）。LZ14、LZ16、その他。
○オプション部品の開発、販売。
○チューニング相談。
○ラリー車の製作、サービス。
○本社、銀座、池袋などの日産新車展示車のメンテナンス。
○特殊車両の改造や製作。
○オイルショック時は、R380、R381、R382等のレーシングカー及びエンジンのレストア。

○その他。

と、時代と共に、大きく変化してゆく。

　TSレースからは撤退するが、全部のレースから撤退した訳ではなかった。時代の変化によって、新しいカテゴリーのレース参戦や新型車が発売されると、新型車でのレースやラリー参戦など業務は多様化してゆく。他の項目でも解るように、F3レース参戦、スーパーシルエットなどのエンジン製作、グループCカーのレース参戦、ニッサン・レーシング・スクール車両製作やスクール開催のスタッフ業務、ニッサンユーザーのサービスなど、業務は変わってゆく。

　基本的には、新型車のレース開発は、日産系車両は追浜で行われ、旧プリンス系車両の開発は村山、エンジン開発は荻窪で行われる。初期の開発が終了すると実戦に参戦するが、開発初期は引き続き開発部署が担当する。そこで、ある程度の戦績を納め、開発が終了すると、大森ワークスがその後を引き継ぐという手順が多かった。

　そのため大森ワークスはブルーバード、フェアレディ、スカイライン、サニー、チェリーと、ニッサン系、旧プリンス系と（R380系を除く）ツーリングカーの、すべての車両のモータースポーツに深く関わった。

　大森在籍のドライバー達は、TSレースだけに参戦したわけではなく、時には違うチームと契約を交わし、フォーミュラカー、グループC耐久レース、その他のGTレースなど年間のレースカレンダーに沿って転戦してゆく。

　大森ワークスが特殊だったのは、前にも書いたように他のメーカーと異なり、日産自動車のみ、サーキットで一般レース参加者の車両を無料で点検修理、アドバイス、相談、部品販売などを行っていたこと。私もスタッフとして主に鈴鹿、富士、筑波に、サービスで出張していた。大きなレースの前には、必ず前座レースが開催

富士スピードウェイ名物の30度バンクに突入するマイナーツーリング・スタート直後の各車。東名サニー（高橋健二）がチェリー勢をリードするが、この前方にはトヨタの隠し玉たるDOHCスターレットが2台いる。1973年11月23日《富士ビクトリー200キロレース》

されるため、遠くから大森契約ドライバーの活躍を見守ることになる。パドックなどですれ違う際は、多くの場合、チーム関係者と一緒の時も多く、軽く会釈する程度で終わることが多かった。

　大森ワークス撤退によって、日産車チューナーとして、東名自動車、土屋エンジニアリング、鳥居レーシング、オオツカ、尾川自動車、梅田自動車、カーコーナー・メッカ、鹿島エンジニアリング、スクーデリアニッサン、松岡自動車、RSオオハシ、レーシングサービス正和など、競ってサニーのチューニング及びレースに参戦してきた。

　競争相手が増えれば増えるほど、切磋琢磨して優勝を目指すようになり、その要望に応えてオプションパーツも充実が図られた。流石にチタン製コンロッドなどは高価であり、誰でも使用できる訳ではなかった。

　A12エンジンの開発が進むにつれて、バルブロッカーアームの中心軸を偏心させた偏心ロッカーが設定される。アーム比の違いによってバルブリフト量増大が図れる。バルブ直径の大きな物も追加される。更に開発が進んだ頃はINバルブとEXバルブが燃焼室一杯にギリギリ収まるまで拡大された。

　ポートと異なり吸入バルブは大きければ大きいほど空気量は増えるが、今度はバルブ重量が増大してくるため、チタン製バルブとなった。このように追求してゆくと、行き着く所はどこになるのか。

　「4バルブまでは必要ないが、吸気弁を2本、燃焼した後の排気弁は1本の3バルブが最善」ということに辿り着く。私は周囲に声高に「3バルブ、3バルブ」と騒いでいた。1971年頃の話である。

　高性能を謳うスポーツカーは4バルブがある意味では主流であるが、コストと性能の両立が図れる3バルブ（4気筒は12バルブとも呼称する）化は大衆車などには理想的に思えた。いち早く、トヨタがその流れを読み取り1984年に、2E-LU・3バルブエンジンを開発し、10月1日新発売の3代目スターレットに搭載してくる。各社も争うように3バルブエンジンを搭載してきた。私は歯がゆい思いで「日産も早く3バルブエンジンを発売してくれ」と願っていた。

　私が辿り着いた3バルブの発想から16年後、1987年9月発売のサニー（B12型）に、GA型3バルブ（12バルブ）エンジンを搭載してきた。日産は高性能が得られる4バルブにこだわったためである。

　1973年後半、GC最終戦《富士ビクトリー200キロ》にトヨタはサニー対策として、当時の規則で50台の生産だけで「公認」が認められるDOHCツインカムヘッドをスターレットに搭載してきた。OHV形式のサニーがいかに名機と呼ばれても、そ

マイナーツーリングの激闘、その1。DOHCスターレット対OHVサニー。1976年3月21日《富士300キロスピードレース》

マイナーツーリングの激闘、その2。前輪駆動のSOHC ホンダ・シビック対サニーの大群。1980年3月30日《富士300キロスピードレース》

の差は歴然と勝敗に反映された。ところが、翌年はオイルショックのためにメーカーはレースから撤退する形になり、替ってプライベート時代が幕開くことにつながる。

　1975年になると、DOHCヘッドの3K-R型がトヨタ有力ショップ（トムス、クワハラ、三葉）に放出される。これがサニー・チューニングショップ／チューナー達の職人魂に火をつける。「どうしたら勝てるか」。さまざまな創意工夫に取り組み、果敢に勝負を挑んでゆく。

　翌1976年3月・富士GC開幕戦《富士300キロスピードレース》で、都平健二選手／サニー1200クーペが見事、DOHCスターレットをコンマ21秒かわし初優勝を遂げる。このレースは運が味方してくれた。

　翌1977年、スターレットだけでなくシビックという新しいライバルの登場で苦戦が続く。11月の最終戦、予選1位の舘信秀／DOHCスターレット・1分33秒56のコースレコードに対し、高橋健二選手が1分33秒75をマーク。決勝レースは早乙女実選手／サニー1200クーペが4台のDOHCスターレットをおさえて見事優勝を飾る。サニー、スターレット、シビックの名勝負は、競馬のように駆け引きしながら残り一周まで順位を入れ替えながら、最後の最後に勝負をかける。後に和田孝夫選手にそのあたりの駆け引きを問うと、「最終ラップのヘアピンが勝負の分かれ目だった」と語った。

　最終ラップのヘアピンから最終コーナーでドライバーは全神経、持てるテクニックを集中し、勝機をうかがう。長い登りコーナー（現在はシケインが出来ている）を最後のムチを入れるかのように目いっぱい床までアクセルを踏込み、ストレートから続くチェッカーに向けてエンジンを一万回転オーバーまで回して勝負を挑んだ。

　鈴木誠一さんが私に言った言葉、「究極のエンジンチューンはチェッカードフラッグが振られた後で、エンジンが壊れること」。言わんとしていることは、そこまで「ギリギリに見切ったチューニングを施し」勝負に挑むこと。

　また、こんなことも語っていた。「エンジンは生き物のように生きている」私も同感である。この名勝負の数々も、1982年に幕を閉じた。

　チューニングショップもレーシングドライバーも、TSサニーのレースで鎬を削る過程で多くのことが自然と身につき技術を蓄積できた。戦っている最中に、そんなことは思いもしないが、何年か経過した後年になって解ってくることである。

新設FJ1300レース秘話

　1972年、F2000とFL500というフォーミュラカーの中間を埋めるべく、TS1300ccエンジンを搭載したFJ1300という新規格のナショナルフォーミュラが誕生した。

　このレースに参戦すべく、桑島正美選手が売り出したマーチ733のシャシーを、鈴木誠一選手と星野一義選手が折半で購入する。

　1974年、後輩だった星野選手の才能を見抜いていた鈴木選手は東名ワークスドライバー契約でFJ1300／マーチ733・東名エンジンで、5月19日開催《全日本選手権・鈴鹿フォーミュラレース》にデビューさせる。すると、2分11秒0と、それまでのコースレコードを大幅に更新したことで周囲を驚かせる。本番レースでは星野選手がぶっちぎりで優勝を飾ったため、俄然注目されるようになった。ちなみに、このレースの2位・長谷見昌弘選手、3位・寺西孝利選手、歳森康師選手はリタイアで終わる。

　FJ1300レースには15戦参戦し、優勝6回と、輝かしい結果を飾る。最後に参戦した1976年11月6日〜7日、《日本グランプリ自動車レース》、鈴鹿サーキット・20周。2分07秒0という好タイムでポールポジション獲得、本番でも優勝。2位に長谷見選手が入賞している。

　後日談になるが、この時の東名チューン・A12には秘密兵器が使われていた。それはオプションのカムシャフトではなく、東名スペシャルカムシャフトが組み込まれていた。このカムシャフトには鈴木誠一選手のノウハウが生かされていた。私は用事があって東名自動車に行った時、ツナギ服を着た鈴木選手が笑顔で出迎えてくれた。

　東名自動車にはカムシャフト研磨機が装備されていて、自分の考えをカムシャフトに反映し、削ることでオリジナルカムシャフトが製作できる環境が整っていた。時代を考えると凄いことで、その後、他のエンジンチューナー達も、高額なカムシャフト研磨機を導入するショップが増えてゆく。

　技術的な話になるが、ツインカムシャフトは、カムギヤを調整式に交換することで、バルブタイミング変更の幅が広がる。しかし、A12型OHV方式では一本のカムシャフトのために、吸気バルブタイミングを変更すれば、自動的に排気バルブタイミングも同じ角度で変化してしまうため、ツインカムほど調整幅がない。カムシャフトを側面から見た場合、吸気カム、排気カムがウサギの耳のようにV字に見える。このV字の角度（相対角）を五度ほど変えたカムシャフトを製作していた。もちろん、カムシャフトの形状（プロフィール）も少し変更し、作動角（バルブを押している角

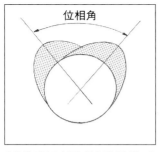

ウサギの耳のように見えるV字型のカムシャフト

度)、バルブリフト量も変更がなされている。

　鈴木選手を尊敬していたのは、ドライバーとして得た情報を、自分の手でチューニングにフィードバックできる経験と優れた理論と、レースをこよなく愛する情熱を持っていたこと。星野選手の優れたドライビングテクニックと鈴木選手のノウハウ、シャシーセッティングのすべてが上手く噛み合って手に入れた勝利であった。

　このカムシャフトには後日談が更にある。それからしばらくして、このカムシャフトが鈴木選手（推定）により、大森ワークスに持ち込まれ、テストされることになった。すでにTSレースからは撤退していた時期なので、ニッサンレーシングスクールカーのエンジンに組み込まれた。鈴木選手以外のドライバーに乗せると「このエンジンは高回転が伸びるな」と、ピットインすると驚いた顔でドライバーが伝えてきた。講師となる選手もTSサニーは幾度となく乗っている人達ばかりであったので、すぐに違いがわかった。

　鈴木誠一選手がこのエンジンを載せた車に乗り、ピットに帰ってくるなり…、開口一番…。「マーチのカムシャフトを使ったな」と、言ってニヤリと笑った。ずばりと当てられてしまった私も笑顔で頷いた。一周走っただけでエンジン特性の違いから、カムシャフトの正体(性能特性)を言い当ててしまった。私は前にも増して鈴木さんに魅せられてしまった。

　星野選手の鈴鹿優勝からわずか半月後、1974年6月2日富士GC第2戦《富士グラン300キロレース》のもらい事故で鈴木誠一選手は風戸裕選手とともに帰らぬ人となる。この訃報を私は出張中の筑波サーキットで知った。衝撃、悲哀、落胆が交差。事実として認めたく無かった。とても告別式に行く気持ちになれなかった。その気持ちは今も変わらず、私の中で鈴木誠一選手は永遠に生き続けている。

　マスコミの取り扱いは風戸選手が大きく取り扱われ、鈴木選手の取り扱いは、サブ的扱いを多く見受けた。実績よりもスター性に優れる選手がマスコミに持てはやされるのは、プロゴルファー、プロ野球、サッカー選手などにも共通している。レースでの実績や長年に渡ってレース界に貢献した実績を私は声を大にして語りたい。

　亡くなる少し前に鈴木誠一選手が何の前触れもなく私に語りかけてきた言葉がある。「F1のパワーは、もう人間がコントロールできる次元を超えている」。富士GCレースでの事故も「マシンのパワーがモンスター化してゆき、一流プロドライバーのテ

今回の依頼も「1速ギヤが入らない」と内容が同じである。依頼者のお客様は30代半ばの女性で、車は1971年2月新発売されたセドリック230セダン・5速マニュアルミッション車。当時オートマ車は、ほとんど普及していなかった。

「すみませんが、私が助手席に乗るので運転してみていただけませんか」と、恐る恐る声を掛け、助手席に乗り込む。工場を出ると国道一号線を小田原方面に向かう。先方にある信号機が赤に変わった瞬間、謎は解けた。

赤信号まで50〜70mほどの距離がある。まだ50km/hほどで走行中なのに、クラッチを切り、一生懸命に1速にギヤに入れようと操作している。ブルーバード310がフルシンクロのエンブレムをラジエターグリルに誇らしげに装着するまでは、ノンシンクロが当たり前の時代で、信号でピタッとブレーキを踏み、完全に停止しないと1速にギヤは入らなかった。シンクロが付いても走行速度が高ければ普通は一速に入らない。問題は、車を購入された方に「貴女の運転方法は間違っています」と言えそうで言えないこと。少しでも言い方が悪ければ、「貴様は偉そうに客に向かってなんて無礼なことを言っているのだ」と機嫌をそこねてしまう。

下手をすると二度と購入してくれなくなる恐れもある。販売店の苦労を体験した出来事だった。幸いにも、すぐに説明が呑み込めたようで、納得してくれたのでホッと胸をなでおろした。

次の話は、私の失敗談に終わった苦い体験談。初代C30型ローレルでの出来事。このC30型は、ブルーバード510型に磨きをかけたような直線的なラインで構成された角型デザインで人気を誇った。燃料ポンプは、それまで主流であった機械式燃料ポンプから、電磁式燃料ポンプに変更されていた。「この燃料ポンプの具合が悪い」と入庫してきた車を担当した。実はこの燃料ポンプは曲者で、ちょっとした衝撃を与えると、嘘のように復活してしまう。何度か点検してゆくと、テスト走行しても好調子で具合が良い。燃料ポンプは高価な金額だったので、交換するのもユーザーに悪いかなと仏心を出したのが失敗に繋がった。

数日して、「鎌倉方面で、急に停まってしまい大変だった」と、連絡と苦情が入った。「一度でも症状が出た場合は私情を切り捨てて交換を実施すべし」が教訓となった。

レース部品でも同じことが言える。例えば、コンロッドボルトが一本折れたら、どんなに高価であっても、そのロットのボルトはすべて廃棄処分が最善の策となる。そこでけちったら痛いしっぺ返しをくらう。ちょっとヘマをやらかしてしまった。ある時、社用車（セドリック230）の運転手が「車の調子が悪い」と車を持ち込んできた。私とフロントマンの目の前で、エンジンを始動し、アクセルを「エーッ！」

第3章　チェッカードフラッグ

第1回サービス出向で横浜日産・小田原（営）へ

　1974年（昭和49年）8月1日、第1回目のサービス出向（整備士）として、横浜日産モーター・小田原営業所に2年間赴任する。

　私は戸塚市汲沢町に借りた六畳一間のアパートから、辻堂にある日産社宅に住居も移っていたので、愛車、サニー1000（B10）・4ドアセダンでの通勤となった。長女が前年の9月に誕生し家族3人となっていた。

　モーター系の取扱い車種は、ローレル、セドリックが主力車種。ローレルは1972年4月に、C130型にモデルチェンジしていた。

　フロントで受け付けた整備依頼書を、手が空いた整備士が順番に整備してゆく。そんな中で、難しい整備が回ってきた。「コンソールボックスに置いたコインが時速40km/hで加速するとカチャカチャと音が出る」という、購入者からのクレームだった。うるさいお客様で、便箋に自分の意見をぎっしりと書き込んで持ってきた。「私は日産G型エンジンに惚れ込んで購入したのに、コンソールに置いたコイン（小銭）から加速時にカシャカシャ音が出るのは、ボディ剛性が弱いからだ。前に乗っていたカローラは、40km/hから加速しても、コインから音は出なかった」。私が試運転して確認する。確かに5速ギヤのままで、40km/hから加速するとエンジンは苦しがり、コインから音が出るのは当たり前の話。

　「工場長、原因が解りました」「そうか」「ギヤを4速に落とせば大丈夫です」「お客は、それでは納得しない」「最後の手段はデフのレシオを変えるしかありません」。この、お客様は、スポーツ仕様のローレルSGX、G20にSUツインキャブ仕様・5速マニュアルミッションの車を購入している。何のためにミッションが5速で、シフトチェンジするのか、幾ら説明しても解らないし、納得してくれない。ディーラーは、お客様が神様とは言え、大変な仕事だと可哀そうになってきた。

　もう一つの事例は…。整備依頼書には前の整備履歴が記載されている。その履歴を見て「おかしいな」と、すぐに感じた。クラッチ交換を2回ほど行っていて、

第1回サービス出向で横浜日産・小田原（営）へ　　135

マーチ・シリエッジ。1983年6月・筑波テスト

鈴木誠一、最後の雄姿。前年の富士GC最終戦で優勝した2リッター・レーシングカーのローラT292でヒート1を疾走する。ヒート2のスタート直後に、前車に起因する多重事故に巻き込まれた。1974年6月2日《富士グラン300キロレース》

クニックをもってしても、車を支配下においてコントロールできる限界点を超えていた」ために起きてしまった、と私には思えてくる。時代が大排気量、大馬力のモンスターマシン全盛の時代であった。

新設ＦＪ1300レース秘話　　133

と驚くほど急激に開けた。「グォーンオオ〜ン、ススーッー…ストン」。もの凄く高回転まで吹かした途端、エンジンは停止してしまい、二度と始動することは無かった。「藤澤さんは、エンジンOHが出来るよね」と、関根フロントマン。大森ワークスのプライドもあるし実力を示さなければならない。「ハイ」。迷わず答えて、エンジン分解担当が私に決まった。

　当時も、新車整備と不具合修理が主な整備項目であり、エンジン分解ほどの大整備を出来る人はいなかった。出来る技術があっても、問題は設備や特殊工具があるかどうかにかかってくるが、その点は完璧でなかったが、掘り穴式ピット、分解するための木製台、エンジンを吊り降ろすためのチェーンブロック等、必要最小限の設備は何とか整っていた。「不具合個所が気に掛かる」。さっそくチェーンブロックで吊り上げ、エンジンを降ろすのに、さほど時間は掛らない。オイルパンを剥がすと、ビックリ。鋳物砂が、ごっそりオイルパン内に蓄積していた。

　この頃の時代は、新車1000km走行で、ヘッドボルト増し締め、タペット調整、デスビのポイント点検＆隙間調整、スパークプラグ脱着点検清掃全盛時代の出来事である。レース用エンジンも、真っ先にシリンダーブロック内側の砂落としを行っていた。鋳造時の鋳砂がこびりついていて、高回転時の振動で落下し、トラブルを起こすのを予防する目的で行われていた。アルミブロックに変わってから、この作業は過去のものと変わる。

　故障の原因が解れば、後の作業は簡単で、OHは無事に終了。最初のエンジン始動は、何回経験しても胸が高まる瞬間である。一度経験すると、快感でやめられない。

　その日の仕事が終わり、いつものように愛車サニーB10・4ドアセダンに乗り込み、工場を出て国道一号線を国府津方面に向かう。工場から1〜2km走った辺りで、何の前兆もなくストンとエンジンが停止した。惰性で路肩に停車し、セルモーターを何度か回してもクスンとも初期爆発しない。仕方ないのでコイルからデスビに繋がっているハイテンションコードを引き抜き、先端を見える所のボディに置いてセルモーターを回す。辺りは暗くなってきたので逆に好都合だ。「パチッ、パチッ」と火花が飛べば電気系統に問題はない。その結果は「火花が飛ばない。イグニッションコイルが死んだ」。

　ある程度、原因が解っても、部品が無ければどうにもならない。…困った。私が思考を巡らしていると偶然にも国府津方面から来た同僚の二宮氏がサービスカーで通りかかり、ボンネットを開けている私に気が付いて声を掛けてきた。「どうしたの？」「コイルが壊れたようだ、会社にあるかな」「探せば何とかあると思うよ、ちょっと待って」。店から5分ほどの近距離が幸いし、すぐに持ってきてくれた。「有り難い。

これこそ救いの神だ」。コイルは2本のビスで固定されているだけなので5分もあれば交換終了。「キュキュル、ブォーン」。すぐにエンジンは目覚め、無事に社宅に帰りつけた。

　この他にも、辻堂社宅＝小田原の車通勤で、こんな出来事にも遭遇した。サニーでの帰路のこと、茅ヶ崎付近の国道で路肩に止まっているブルーバードUを発見する。この車種は角型の510型から、ガラリと変えた曲線多用で窓枠のJラインが特徴。1971年8月発売で、ブルーバード1800SSSには、日産初の電子制御式燃料噴射装置（EGI）L18-Eが採用されていた。

　すでに周囲は暗くなった夜間である。すぐに第六感が働く。電気系統のトラブル？　少し厄介、EGI車だ。「どうしたのですか？」と声を掛ける。「急にヘッドライトが暗くなって、エンジンが停まってしまった」。ドライバーは若い女性であった。点検するとバッテリーが上がっている。（やっぱり）咄嗟に考えた。「私のバッテリーと交換すると走れるようになるのですが家は近いですか」「ここから10分ほどの距離です」。そこで、最初にエンジンを掛けたままの状態でサニーのバッテリーを取り外す。次にブルーバードUのバッテリーも取り外し、先に外したサニーのバッテリーと交換。ブルーバードUで放電したバッテリーをサニーに搭載し、いつも積載しているバッテリーブースターケーブルを繋ぎ、サニーのアクセルペダルを踏み込んでエンジン回転を上げた状態を保ったまま「エンジンを掛けてください」と声をかける。「キュル、ブルーン」。予想どおり、一発でエンジンは目覚めた。ブースターケーブルを外して応急処置は終了。サニーはキャブレター仕様で発電系統も正常なので、バッテリーが空になっても一度エンジンが始動してしまえば、発電機からの充電により電気は足りるので、短時間であれば走行に支障は出ない。「後ろをついて行くので案内してください」。意外と近い距離で10分足らずでその家に到着する。遠い距離であればヘッドライトなど電気容量を喰うために再び同じトラブルに見舞われてしまう。交換は二度目なので短時間でバッテリーを元に戻して終了。「明日になったら、ディーラーに連絡して修理を依頼してください」と、説明し、一杯の暖かい紅茶を頂き、そうそうに帰路についた。

　次のレスキュー体験も仕事帰りの平塚市相模川の橋（現在は湘南大橋）のたもとで遭遇した。小田原・二宮・大磯・平塚・茅ケ崎・辻堂という経路で帰る途中に当たる。一台の車が橋のたもとに停車し、少し交通の妨げになっていた。（よし、10分で助けよう）と内心で自分に目標を与えて「どうしましたか？」とひと声掛ける。「急にクラッチがきかなくなって…」「解りました」。

　車に乗り込みクラッチを踏んでみるとスカスカの状態。レーシングメカニックは

トラブルを瞬時に判断する能力に長けている。(恐らく、クラッチ・オペレーティング・シリンダーが破損したな)「どこまで帰りますか?」と、問いかけると、それほど遠くまでは帰らないことが解った。
　エンジンフードを開け、クラッチマスターシリンダーのオイルを確認する。予想したとおり空っぽの状態だった。(オペレーティングシリンダーのカップからのオイル漏れだな。どう解決する?)この頃はトランクの中に緊急用工具を常備していたため、咄嗟に何が積んであるか確認する。エンジンオイルを交換した残りのオイルが少し残って積んであった。(エンジンオイルで代用しよう)とアイデアがひらめいた。
　「応急処置として手持ちのエンジンオイルを入れて、うまくすれば帰ることができますが、後で2ヵ所の部品を交換しなければならなくなります。どっちみち1ヵ所は壊れていますが、どうしますか?」と聞いた。「構わないから、やってみてください」「解りました」。さっそく作業を進める。蓋を開けてオイルを入れて蓋をするだけの簡単な作業なので、暗い中でも5分もあれば終了する。胸の内で(推理が当たってくれ)と祈りつつ、クラッチを踏んでエンジンを掛けてみる。予想どおり「スコッ」とクラッチは正常に作動し、ギヤが入った。「明日になったら必ず修理工場に行って「エンジンオイルを入れた」と説明してください、と言って分かれた。この頃の時代は、まだマニュアル・トランスミッション全盛の時代での出来事だったため、緊急脱出が可能であった。
　この頃の私は、故障で停まっている車を見かけると声を掛けて何分で応急修理が出来るか自分の技術向上のために行っていた。助けた車は数えきれない。新婚旅行中も阿蘇山の駐車場で新婚さんがセルを長時間回してもレンタカーが始動しないのを見かけた。近辺には何もない場所である。「ちょっと見せてください」と、車に乗り込み、アクセルを全開で踏み込んだままセルモーターを少し長く回す。「キュル、キュル、キュル、キュルキュル」。アクセルを煽って加速ポンプ(当時の車両はアクセルを踏むと加速ポンプから燃料を送り込んだ)を何回も作動させたので、点火プラグが濡れてしまって失火していると、すぐに状況判断して行った応急処置である。アクセルを踏み込んだまま、吸い込みすぎの燃料を排出する。「キュル、キュル、ブルッ、ブル～ン」。初爆が始まりエンジンは目覚め、こちらも新婚だが相手側の新婚さんの笑顔を見ながら手を振って分かれた。
　ある日、営業所の駐車場にローレル・C30型・4ドアセダンの下取り車が停まっていた。セールスマンの長谷川さんに「この車どうするの?」と聞くと「藤澤さんが買うのであれば8000円でいいよ」と驚きの答えが返ってきた。「エッ、8000円な

ら買うよ」。即決で決めた。

　仕事が終わってから、自分一人で全塗装することにして、工場長にお伺いを立てる。難なくOKが出て、少しずつ準備を進め、何色にするか迷った末に、いすゞ117クーペで気に入っていた綺麗な緑色純正塗料を取り寄せ、無事に全塗装が終了する。各部に細い白テープで縁取りを入れ、一味違う個性的な車に仕上げた。

　ローレルC30が完成すると、辻堂社宅＝小田原・販売店の通勤はサニー（B10）からローレルに変わった。また二人目（次女）の子供にも恵まれ、敷地33坪、築10年、中古一戸建て住宅を神奈川県大和市・十一条通りに1000万円での購入に踏み切る。ちなみに自己資金は150万ほどしかなかった。

　このローレルは4年間使用し、解体屋に持ち込んだ時に、12000円で引き取ってくれた。

後楽園球場・天然芝をサニーTSカーで走る

　1975年3月23日、後楽園球場で、野球の神様、川上哲治前監督の引退試合が行われた。その年のシーズンが終わり、恒例の巨人軍ファン感謝デーが行われる。このファン感謝デーに2台のTSサニーで天然芝を走る企画が舞い込んだ。

　ドライバーは星野一義選手でなく、大森のメカニックが運転することになり、私と高橋政弘氏の二人で行うことになる。TSサニー2台は日産陸送のトレーラーで現地に運ばれ、球場前で降ろしてからレース用スリックタイヤに交換。しばらく待機して球場関係者の誘導で開始前に一度だけテスト走行することになり、最初に走るコースを設定しなければならない。宣伝部の担当者から、あらかじめ案が提示される。

　まず、入場したら外野のセンター守備位置付近に、2台がホームベースを向いた方向で一度停車し、スタートして左右に分かれ外周を走行し、ホームベース付近で交差する。そのまま外周を走行し、再びスタートした位置に戻りホームベース方向に向いて停車。その後で、左右に分かれて球場外に走り去る、というシンプルな構成。

　当時は、すでにスリックタイヤを履いていた。天然芝の第一印象は「滑り易い」だった。少しアクセルを踏み込んだだけで滑り出す。星野選手とのエピソードで紹介したように、私にはレーシングドライバー並みのテクニックは持ち合わせていなかった。不安が交差する。

　本番が開始される。入場門で、2台のTSサニーのアクセルを二度三度と煽る。「ブブォ〜ン！ブブォ〜ン！」。排気音で観客を盛り上げて、予行演習通りに、スター

ト位置に2台が並ぶ。私はホームベースから向かって右側の位置だ。スタートの合図で、すぐに左にハンドルを切るが、ここで予定外に「クルッ」と見事に1回転スピン。見方によっては演出と見間違うように、クルリと回って、予定方向に走り出す。「やばい、遅れてしまった」。本当はホームベース付近で2台が綺麗に交差しなければならないが、高橋氏は私の遅れに気がついていないようだ。滑る路面に気を遣うので、相手の車両位置など、ゆっくり確認できる余裕など皆無。アッという間にホームベースが近づく。

　思ったとおりで、先に高橋サニーがホームベースを通過してから、藤澤サニーがホームベースを通過する格好になった。遅れを取り戻そうと練習時よりもスピードを上げていたので、滑ること滑ること。ホームベースを駆け抜ける瞬間、驚いた巨人軍の選手がダッグアウトから奥に逃げこむ姿がチラッと目に飛び込んで消えた。最後も少し遅れて、無事に停車位置にピタッと停止。たった数分間と短くも刺激的で貴重な体験は無事に終わった。

　後から、しみじみ思い浮かべると、あの時、誤って巨人軍ベンチに車両が飛び込んでいたなら、それこそ翌日テレビや新聞を賑わす大事件になっていたに違いない。「無事に終わって貴重な経験が出来て本当に良かった」というのが素直な感想。

　イベントが開始される前に待機していた時に、巨人軍ナインがすぐ横を通って球場に入って行った。当時のスーパースターである王貞治選手や長嶋茂雄選手を目の前で見ることが出来た。レーサーとはまったく違うオーラを感じた瞬間であった。

　翌年、1976年日本の球場で初めての人工芝球場としてリニューアルしたが、1987年11月8日ファン感謝デーを最後に閉鎖、解体され、新球場の東京ドームに、その役割を渡した。今は亡き後楽園球場の思い出。巨人軍の試合は一度だけ2歳上の兄貴と一緒に見に行った。

日産ワークスとしての参戦がなくなった後も、しばしば試作車がサーキットに登場した。巨大なオーバーフェンダーを備えたB210ボディのサニーエクセレントには高橋国光/北野元という追浜の旧エースコンビが乗った。1975年7月27日《全日本富士1000kmレース》

オイルショック・レース休止・R380レストア時代

　イランから大量の石油を輸入していた日本は、1979〜80年、イラン革命によって直接この影響を受け大混乱に陥る。レースもこの影響は大きく暗い時代を過ごさなければならなくなる。

　大森ワークスも例外ではなかった。そこで始まった作業は、レース車両の記念車として保存されていた栄光の車達のレストア作業。R380、R381、R382など、当時、日本GPをメインスタンドの観客席で観戦していた憧れの車を整備するのだから胸ときめいた。またレーシングメカニックとしても外から窺い知れない秘密のベールに包まれた技術的、設計的なところがどうなっているか興味はつきない。

　これらのレーシングカーの開発は、元プリンスが担当だった。プリンスの時代か

1966年に日産がプリンスを吸収合併した結果、プリンスの技術を継承したニッサンR380。生沢徹らポルシェ906を相手に高橋国光が1967年日本GPで2位。1967年5月3日《第4回日本グランプリレース》

ら、車両は村山工場、エンジンは荻窪工場と分担されていて、日産合併後も、そのまま変わらない。大森ワークスは日産系列のサニー、ブルーバード、フェアレディから始まり、プリンス系のスカイライン、チェリーまで何でも改造したが、純粋なレーシングカーであるR380系は一度も担当しなかった。ただ、サーキットでプリンス系のメカニック達とふれあう機会があると、追浜・特殊車両実験部のメカニックとは明らかに違い、フレンドリーな雰囲気で対応してくれた。このことはプリンス系の組織がレース好きで開放的な風土であることを暗示していた。

　チェリーX1-Rの技術移管時に、村山工場を訪れる機会に恵まれたが、出来上がったチェリーX1-Rを、そのままメカニックが運転して、すぐ脇のテストコースで確認テストしていた。

　話を少し戻すと。1968年5月開催の《日本GP》などメインレースが行われる前に、必ず幾つかの前座レースが行われるため、日産車のユーザーサービスとして、その場にいた。

　トヨタ7と日産R381が戦う注目のレースで前年の雪辱が出来るかどうか盛り上がっていた。姿を表したR381はマスコミが「怪鳥」と、名づけた可変リアウイングを装備、このウイングがコーナーで連動し左右に動く様が鳥の羽ばたきに似ていることから名づけられた。

　このレースの本番は、運良くメインスタンド正面からスタートを見ることが出来た。パドックから地下通路を通り、メインスタンドに行けた。特別なパスが無ければ通行できないが、「サービス」と書かれた腕証パスがあるため通行は自由にできた。レースに参加しているドライバーの中には元大森ワークス契約ドライバーの黒沢元治選手や長谷見昌弘選手（タキレーシング）もいる。他のドライバー達もパドックや食堂などですれ違うなど、同じ仲間のような存在。だから、レース観戦でも一般の人とは思い入れが違ってくる。

　予選1位・高橋国光／R381、2位・北野元／R381、3位・長谷見昌弘／ローラ、4位・酒井正／ローラ、5位・田中健二郎／ローラ、6位・福沢幸雄／トヨタ7、7位・黒沢元治／R380、8位・砂子義一／R381，9位・鮒子田寛／トヨタ7、10位・細谷四方洋／トヨタ7、11位・生沢徹／ポルシェ・カレラ10、12位・大坪善男／トヨタ7、13位・横山達／R380、14位・大石秀夫／R380，15位・片平浩／ポルシェ・カレラ6、その他を加え参加台数30台という豪華な顔合わせ。

　顔ぶれとレーシングカーを見れば解るように、外国勢（ローラ＝タキレーシング）やポルシェの強豪に対し、やっと世界の自動車に仲間入りした国産勢の日産、トヨタ（TNT対決）が、どこまで勝負できるか、感慨深く見守った。まだ、日産大森に

オイルショック・レース休止・R380 レストア時代　143

4-3-4隊形でスターティンググリッドに整列したGP出走車。1列目手前が予選1位の高橋国光ニッサンR381。ローラT70、トヨタ7、R380、ポルシェ・カレラ10等の強豪たちが3列目までを占める。1968年5月3日《日本グランプリレース》

配属され一年も経たない頃だから、この場所にいるのが嬉しく胸ときめいた。

　80周レースがスタートすると、ビッグエンジン搭載の上位陣がリードする展開。タキレーシング・3台のローラ勢は、酒井正選手が17周、長谷見昌弘選手が22周、田中健二郎選手が27周でリタイア、高橋国光選手も31周目リタイアと波乱が続く。上位がリタイアする中、下のクラスの生沢徹選手／ポルシェ・カレラ10、3台のR380が順位を上げていき、ビッグレースで強敵ポルシェ、ライバルのトヨタを打ち破り、日産圧勝という結果となった。

　'68日本GPレース結果。
　　　優勝・北野元／ニッサンR381（GP-Ⅳクラス）
　　　2位・生沢徹／ポルシェ・カレラ10（GP-Ⅱクラス）
　　　3位・黒沢元治／ニッサンR380（GP-Ⅱクラス）
　　　4位・横山達／ニッサンR380（GP-Ⅱクラス）
　　　5位・大石秀夫／ニッサンR380（GP-Ⅱクラス）

　翌年、1969年10月10日、日本GPは120周の長距離レース。可変ウイング禁止となり、日産対トヨタの対決がより鮮明となった。長距離レースのため、ドライバーは二人組となる。前座レースが行われるため、日産ユーザーのサービスマンとして、この

優勝した北野元駆るニッサンR381には先進的な可動ウイングが装着されていた。エンジンはシボレー5.5リッターを搭載、大排気量時代の到来だ。後ろはタキ・レーシングから出場したローラT70。1968年5月3日《日本グランプリレース》

時も富士に出張していた私は、前年と同様に、スタートをメインスタンドにて観戦できた。予選基準タイムが、2分20秒00に設定され、このタイム以下の車は本番レースに出走出来ない。参加台数は50台近くと大盛況であったが、本番レースは32台で争われた。実に20台近くが予選落ちした。

　予選1位・1分44秒77と、前年のタイムより6秒以上短縮した、北野元／横山達・R382、2位に黒沢元治／砂子義一・R382、3位・高橋国光／都平健二・R382、4位・久木留博之／細谷四方洋・トヨタ7、5位・川合稔・トヨタ7と、上位3台をニッサンR382が独占、トヨタ7の2台が続く。

　本番レースがスタート、トヨタ7・川合稔選手が先頭に飛び出し、オープニングラップでトップを快走するが、3周目に、ジョー・シフェール／ポルシェ917がトップに浮上。日産勢は出遅れるが落ち着いた走りで6周目に高橋国光／R382がトップを奪う。

富士のS字コーナーで争う5リッター・トヨタ7（久木留博之）と6リッター・ニッサンR382（高橋国光）。コースレコードを5秒以上更新する高速バトルに10万余の観客は沸いたが、翌年の日本GPは中止された。1969年10月10日《日本グランプリレース》

オイルショック・レース休止・R380レストア時代

12周目に入ると、ニッサンR382が1〜3位を独占するが、31周目にトップを快走していた高橋国光選手はピットイン。黒沢選手、北野選手の2台はランデブー走行で快調に周回を重ね、そのままワンツーフィニッシュを飾る、完璧な勝利を日産にもたらす。トヨタ7は3〜5位に甘んじることとなる。日産対トヨタが火花を散らした戦いの最高潮に達した時代であった。

　大盛況で盛り上がったビッグレースも、翌年は、公害安全問題に直面しているなど、各種社会状況によって、開催中止が決定されたため、最後のビッグレースとなってしまい、日産対トヨタの対決はここに終焉を迎えた。

　後年になって振り返っても胸ときめき、最高潮の興奮でレース観戦できた良き時代であったと感慨深い。その後のサニーTSレースも、レース好きにはたまらない、おもしろいレースばかりだったと感じる。

　レストアとは言っても、10年前にスタンドから熱戦を観戦した、あの時のR380、R381、R382の本物に触れるだけでなく、自分の手で修復を行うのだから感慨深い。エンジン単体もあり、初めて目の前にした時、当時の栄光が伝わってくる。錆を落としたいがアルミ材質などは綺麗にならない。本来なら、ショットブラストで綺麗

優勝した黒沢元治のニッサンR382がヘアピン・コーナーを立ち上がって加速する。チームからの指示に従い北野元の同型車も1.5秒差の2位でゴール。トヨタ勢は3位の川合稔が最上位。1969年10月10日《日本グランプリレース》

になるのだが、その設備は大森に無かった。そこでペイントで綺麗に塗ることにした。現在も展示されているS20エンジン、レース用エンジンのほとんどは私が修復したものが多い。見分け方は簡単で、派手好きな私だからメタリックペイントでカラフルに塗られているため、すぐに解る。

マーチ・スーパー・シルエットもR380関係も、今も記念車として大事に保管されている。

R200オプションデフ組み込み、ミッション組み立て

国内販売用のみでなく海外からもオプションのレース用デファレンシャルやマニュアルミッションの引き合いが増えてきたため、ある程度まとまった数のデフ＆ミッションを大森で組み立てることになり、私がその担任を命じられる。

独立懸架式サスペンション構造が採用されたブルーバード、フェレディZなどにはR180型、R200型LSD組み込みのオプションデフがラインナップされた。R200型はLSD組み込み時に、ケースの一部を干渉しないように削る追加工を必要とした。

デファレンシャルの構造は、一見簡単であるが、新品の組み立ては専用ゲージと調整用シムを複数必要とする。最初に、ピニオンギヤを組み込む。プリロードゲージ（ピニオンを回転した時の重さを測定する）で測定し、規定値から外れていれば、シム交換して再調整する（純正品は締め付けるとカラーが変形し規定値に収まる方式であったが。レースで使用するとガタが出て最悪は壊れやすくなる）。同時に、ピニオンギヤ＆リングギヤに刻印されている製造誤差寸法を計算式に当てはめ、ピニオンギヤの飛び出し寸法をハイトゲージで測定、組み込むシムの厚みを決定する。このピニオンギヤ高さの設定は極めて重要で、ヤマ勘などでは絶対に組み込めない。最終的に光明丹（オレンジ色の粉をオイルで溶いて使用する）をリングギヤに塗ってピニオンギヤとの歯当たりをチェックするが、正常な歯当たりを得るためにはピニオンハイトが正確に測定調整されていないと得られない。

サーキットを高速度で走行すると、エンジン、駆動系、タイヤ、ブレーキが酷使されるが、中でもデファレンシャルに一番過酷な負荷が掛り、壊れやすくなる。おもしろいデータとして、デファレンシャルとマニュアルミッションにオイルを入れないで富士スピードウェイを走行した場合、ミッションは約15周持つが、デフは半周も持たない。ミッションの15倍もデフのほうが過酷なのである。TSレースでは、デファレンシャル耐久性向上対策として、電磁ポンプを用いて強制的にオイルクーラーを通過したオイルをギヤが噛み合うところ目がけてオイルを吹きつける銅パイ

プを追加工していた。落ちたオイルは下側から吸引し循環させる強制潤滑方式。

　デフの組み込み、調整はシムの厚みの異なる物を入れ替えて行う。そのために、周囲の棚に厚みの異なるたくさんのシムを在庫して組み立てを行った。ピニオンを締め付けている特大ナットの締め付けトルクも大きいため、構造自体はシンプルであるが、誰でも簡単に分解や調整ができないのがデファレンシャルの特徴なのだ。

　オプションのミッション・アッセンブリーは、オプションギヤを組み込んでギヤ比が変更されている。この組み立ては、吉原工場のミッション組立工場で、純正ミッション製造ラインに混在して行われた。私と高橋政弘氏の二人が派遣され、最終チェックなどの立会いを行った。

　完成したミッションをモーターで駆動する装置に取り付け、各ギヤの入り具合や異音をチェック。この最終テストで、少しでもギヤ入りの悪い個体、異音が出る個体は、不合格となり、再び分解され、問題の起きたギヤ構成部品を交換する。すべて新品の部品を組みつけたとしても、不具合が発生するのがマニュアルミッションの特性であり、部品が悪いわけではなく、加工精度のバラつき（相性）で発生する。ミッションとはそういったものである。部品の精度はミクロの世界ではゼロではない。基準値からマイナスもあればプラスもある。1本のメインシャフトに、1速ギヤ・2速ギヤ・3速ギヤ・4速ギヤ・5速ギヤを組み付けた場合、その誤差分が、＋＋－－＋になるのか、－＋－＋＋なのか、＋＋＋＋－なのかによって変わってくるのである。大森ワークスカーのミッションやデフOHは大森で行われる。ミッションは車に車載し走行してみて、初めて正常なのかどうかが解る。そこで中村誠二氏がミッションをモーターで駆動し、ギヤ入り具合をチェックできるよう、簡単な台上試験機を製作した。こんなことがすぐに実行に移せたのも大森の強みであった。またメカニックも、競い合って自然と技術向上につながった。

パルサーエクサFF・ミッドシップに改造

　1982年4月、パルサーエクサは、N10型パルサークーペの後継者として登場。2ドア、ノッチバッククーペというユニークなスタイルを誇った。ノーマルはパルサーの名前が付くように前輪駆動方式。パルサーエクサというクサビ型のFF車が存在したことを知っている人は少ないと思われるが、あのFFエクサのフロントエンジンをミッドシップにするというプロジェクトが持ち上がり、高野正巳技術員から私に改造が依頼された。

　このような改造作業はレーシングカーの改造と全く違う。開発部署であれば大勢

のスタッフで取り掛かり、大掛かりな測定装置や図面製作、試作部品製作などのプロセスを踏む。また資金的な心配もなく長期間の開発期間を必要とする業務内容である。

　開発部署とは異なる大森分室にある設備は、足踏み式切断機、手動式折り曲げ機、アルゴン溶接、CO_2溶接、アセチレン溶接しか準備されていない。何かを購入する資金はゼロという条件の中、短期間で仕上げる依頼である。私が町工場で経験を積んできた技術やノウハウが最大限生かせる仕事。スタッフが多ければ早く完成するかと思うだろうが、このような仕事は一人で取り組んだ方が実際は早い。打ち合わせ、検討や、意見のすり合わせなど一切不要となり、自分の考えや決断を即座に実践できるからである。

　結果的に、一枚の設計図も引かないで約1ヵ月でミッドシップ（厳密にはRR車に近い）車を完成させた。最初にエンジンを搭載する場所となるトランク部を切開する。最初に待ち構えている一番の難関はエンジン搭載位置の決定である。ガランと開いたスペースに（ボディをチェーンブロックで吊り上げた状態）エンジン、ミッション、ドライブシャフト、ストラット、タイヤを取り付けたアッセンブリーを押し込む。ボディの中心線と合わせなければいけないが、図面上では中心線が引けても実物車両の中心線など簡単に解らないし、測定も非常に難しく、しばし途方に暮れる。エンジンだって正確な中心位置など解らない。タイヤだってストラット上部が固定され車両が地面に降ろされて、初めて向きや傾き（アライメント）が解るわけだから、ブラブラの状態ではアライメントなど測定不可能。更にエンジン位置の上下関係も決定しなければならないことになる（実際はエンジン重量で車両は沈み込むことになる）。この状態でエンジンブラケットを手作りで製作しなければならないので、とても難しい作業となる。本来は位置出し治具などを製作して位置決めを実施する方法もある。開発期間が6ヵ月間とかあれば、まったく別の選択肢も考えられた。

　こんな複雑難解な作業のポイントは、「失敗しても良いから、とにかく一度固定して様子を探ること」。最初からベストの位置に収まる確率は低いが、一度でも固定すれば、どのくらい狂っているか、ある程度浮き彫りとなってくる。

　恵まれていた点は、解体屋さんほど部品点数は多くはないが、レーシングカーに改造した際に取り外した不要部品などが倉庫に大量に眠っている。一から部品を製作するよりも、車種や年式が違ってもよいから出来るだけ流用できる部品を最大限に活用することに尽きる。

　このような試行錯誤の末、エンジンブラケットを製作しエンジン搭載位置を次第

に正しいと思われる位置に微調整を繰り返し搭載にこぎつける。一度車両を降ろしてタイヤの収まり具合を確認してから修正を加え、最低地上高さの確認と修正も繰り返す。ここまでくれば、後は比較的簡単で、シフトリンケージ製作、アクセルリンケージ製作、冷却系配管など初めてのトライに熱中し、製作を楽しんだ。仕事というより趣味を楽しむ感覚だから就業時間が終了すると、もっともっと作業を続けていたいが、残業は一時間しか出来ない。

今から考えても奇跡的に思えるほど短期間な製作日数と最小限の費用(ありあわせの部品を最大限利用したため)で製作したので、今考えても実に感慨深い。エンジンをトランク側に移動したため追いやられたガソリンタンクはフロント側に移設した。もちろん前後重量配分を考慮すれば必然的な結果として収まる位置だ。

この改造に至るまで色々な経験を重ねて技術を蓄積していたことと、他にも、サニー、チェリー、ブルーバード、スカイライン、フェアレディSR311、セドリック・ストックカー、フェアレディZ432、フェアレディ240ZなどのTS車両の改造及びラリー車の改造なども手がけてきたので、技術的にはそれほど困難ではなかった。

ミッドシップと書いたが、リアエンジンとミッドシップの境目は難しい。最初から後席を犠牲にして、出来るだけドライバー側にエンジンを近づけることで50対50の理想的重量配分を求めるのがミッドシップ。普通のFFのリアにエンジンを積み込んだため、正確な表現はRR(リアエンジン・リアドライブ)となる。シフトレバーは同じフロアシフトながら、長いロッドで後ろのミッションを操作する。アクセルワイヤーも今までみたこともなかった長いケーブルを必要とした。

完成した車両で富士スピードウェイの初試験走行のハンドルを私自らが握り、感激しながら軽くフィーリングと不具合をチェック。その後のテスト走行は星野一義選手が担当した。今だから明かせる、あくまで社内的、実験的な挑戦であった。

更に、後日談があり、最初のRR化に伴い、元々のエンジン搭載位置に重量配分のバランスを取る目的で燃料タンクを移設したが、フロントにもエンジンを搭載したツインエンジン化を図ることとなる。残念ながら、私は他の業務があるため、技術的に優秀で私と同じようにこのような改造が得意な中村誠二氏が担当する。中村氏も私と同じように町の整備工場で経験を積んで大森が発足した翌年に入社してきたので、溶接から加工など何でもこなせた。

一番の問題点は、前後のエンジンのアクセル開度と駆動力をいかに最適に連動して制御するかという、難しい難問に直面する。当時はまだビスカスカップリングや電子制御など無かった時代背景。結果は、私にはある程度、予想できていた。二つのエンジンの駆動回転数が異なれば、そのしわ寄せは、駆動系の弱い所か、最終

的にはエンジンに負担が掛り、どちらかが壊れる。現代のように、駆動系統の途中に回転差（駆動力）を制御する動力配分システムを追加できればツインエンジン化もおもしろい。その後の、技術革新は目覚ましく、現代では、エンジン＋モーターという、二つの異なる動力源を備えたハイブリッド化（HV又はPHV）される車種も増えてきた。

その後、車両はテクニカルセンターに持ち込まれ、操縦安定性テストが行われたと伝え聞いたのは、だいぶ後年になってからのことであり、詳しい実験結果などは教えてもらえなかった。メーカーはこの他にも、未来の可能性を探って、様々な実験を繰り返している。

この出来事から約4年後、1987年、《オールスター・ダートトライアル》に、田嶋伸博氏がツインエンジン搭載スズキ・カルタスで参戦。初参戦で見事に総合優勝を飾り「モンスター田嶋」というニックネームが定着した。田嶋氏は日産車で海外ラリー参戦もしていた時期があり、何度か大森に来たので、お会いしたことがある。レスラーを思わせる大きな体格とは裏腹に、優しい笑顔で人を惹きつける魅力的な方であった。

萩原光選手のシルビア・スーパーシルエット

1982年5月30日、《RRC筑波チャンピオンレース第2戦》、星野一義選手の愛弟子である萩原光（アキラ）選手がホシノインパル・ニチラ・シルビア・スーパーシルエットで参戦することになり、私と関根一夫氏の二人でエンジンを担当することになった。エンジンはLZ20Bターボ・ルーカスインジェクション仕様。

萩原選手は私の故郷・足柄上郡から車で30分ほどと近い小田原市の出身だから、初めて会っても親近感が湧いてくる。宿屋の風呂場で一緒になり身体を洗いながら会話を交わした。

筑波サーキットの奥にある2コーナーは夏場になればなるほどブレーキが苦しくなるコーナーで、ドライバー泣かせ。和田孝夫選手に言わせれば「そんなの当たり前…ギャーと根性で回るんだ」となる。この言葉の意味は深い。経験したり、工夫したり、どうしたら回れるか努力を重ねることの大切さも、垣間見えてくる。

5月末になると気温も上昇し、ブレーキやエンジン水温・油温に厳しい季節となってくる。このレースの行われた日も、そんな暑い日だった。参加台数は7台と少ないが、日産のスーパーシルエットカーとして、長谷見昌弘選手／トミカ・スカイラインターボ、柳田春人選手／Zスポーツ・ブルーバードターボの3台がエントリー

スーパーシルエットが国内の人気カテゴリーに。ショールームに展示されたシルビアターボ。星野一義の愛機だが、しばしば若手の萩原光も駆った。1981年3月29日《富士300キロスピードレース》前座スーパーシルエットの前後

していた。弩迫力のエアロを身にまとい、減速時に排気管からゴジラのような火炎を吐き出す迫力が人気を集めていた。

　この車両はFIA国際競技規則・付則J項においてグループ5に属する車両が通称「スーパーシルエット」と呼ばれた。1982年に日産は宣伝部が企画し、車両を製作（プロトタイプカーと呼ばれる完全なるワンオフ車両）、エンジンはLZ20Bターボを搭載し、シルビア（S110型）、スカイライン（R30型）、ブルーバード（910型）の3台をレースに参戦させた。レース観戦する方から分からない裏側では、このような車両での参戦は役割分担が複雑に分かれていた。チーム運営は、それぞれ参戦するチームが車両のメンテナンス（タイヤ交換、アライメント調整、エンジンの脱着、オイル交換、不具合修理、車両セッティング、細部の変更熟成、その他）を行う。エンジンは大森ワークスが担当した。

　本番レースがスタート、早くも2周目に長谷見選手／トミカ・スカイラインターボがリタイア。萩原選手／ホシノインパル・ニチラ・シルビアも17周目に奥の2コーナーを曲がれきれずに大クラッシュしてリタイアする。結果は、優勝・長坂尚樹選手／オートビューレックM1、2位に柳田選手／Zスポーツ・ブルーバードターボが入る。

　コースの奥から運ばれてきたホシノインパル・ニチラ・シルビアは、フロント部分に大きなダメージを受けていた。その時には、それほど重傷とは見えなかったが、大森の工場で引き取って、カウルを取り外してゆくに従ってダメージの深刻さが浮き彫りとなってきた。

　スーパーシルエットの呼称の通り、外観はあくまで生産車のデザインを採用しなければならないが、中身は純粋なレーシングカー、ワンオフで製作されたプロトタイプカーである。この当時は角チャンネルを組み合わせたフレームでシャシーが造られている。この手法はスーパーカーのランボルギーニ・ディアブロなどと、同じ

構造を有する。この角チャンネル製フレームも衝撃で曲がっていることが判明し、すべての部品を取り外してフレーム修正を専門業者に依頼する大修理に至る。主に、私と吉田清一氏で、その作業を進めてゆく。

消火作業が行われたため、粉末消火剤がアルミ板に付着して、汚れも酷い。この消火剤を除去するだけでも大変な労力を必要とした。約6ヵ月間以上掛けて、元の姿に蘇った。

翌年の、1983年6月19日《レース・ド・ニッポン筑波》、参加台数8台、前年同様に、ニッサン3台のスーパーシルエットが勢ぞろいする。レース結果は、優勝・長谷見昌弘選手／トミカ・スカイラインターボ、2位に柳田春人選手／オートバックス・ブルーバードターボ、3位に萩原光選手／ニチラ・インパル・シルビアターボ。スポンサーの関係でエントリー名は絶えず変わることが多い。ドライバーも、ひとつのレースに参加するのではなく、フォーミュラカー（FJ、FP、F2、F3、F3000）やツーリングカー、GT、GC他、レースカレンダーに沿って一年間を戦ってゆくのである。

1986年日産は《ル・マン24時間耐久レース》に初参戦する。このル・マンのドライバーの一人として萩原光選手が決定していたことは、当然、私は知る由もない。ル・マン目前の、4月6日開催の《鈴鹿500キロ耐久レース》に、グループCカー・ニッサンR86Vで参加する予定だったが、フリー走行中に出火炎上するも、萩原選手は危機一髪で脱出。このトラブルで翌日の決勝に参戦できなくなったため、急遽、予定を変更し、翌7日、スポーツランド菅生（当時）に向かう。レイトンハウス・メルセデスベンツ190Eでテスト中、2コーナーでクラッシュ、炎上し帰らぬ人となった。原因は解らない。享年29歳。私の諏訪での事故ではないが、生きている限り、少し先の運命は誰にも解らない。

萩原光選手の代役として鈴木亜久里選手がル・マンに参戦することになる。この初参戦の《ル・マン24時間レース》の裏話は、後年になって和田孝夫選手から詳しく話を聞くことができた。

近藤真彦氏・マーチ・スーパーシルエットを製作

1982年10月、初代マーチK10型が新発売されるのに合わせて、10月のモーターショーに出品する目的で、高野正巳技術員が私に「マーチ・スーパーシルエット製作」を依頼してきた。

日産本来の指示は技術員が詳細な作業指示書を書き上げ、それを作業者に渡して指示通りの作業を現場で行う。私に依頼が来る仕事は作業内容が詳細に記され

た指示書が無い仕事が多い。今回は「マーチ・スーパーシルエット製作」という詳細な指示書が書けない内容だから、通常の手順とは異なり、指示書には「マーチ・スーパーシルエット製作」という一列の文書の指示しか書かれていない。

「出来るだけ、迫力が出るスタイルにして欲しい」。要望点はそれだけだった。「了解しました」。カーナンバーを記入する時と同じで、ラフスケッチや図面は一切書かないで作業に入る。このような作業は清水板金の弟子である私の得意分野なので、担当が私に回ってくるのは必然の成り行きだった。

仲間の中で（どんなものができあがるやら）と懐疑的に、ある意味では興味深そうに遠巻きにみつめる人もいた。

まず、フロントのオーバーフェンダーから構想を練る。このような漠然とした作業は、何でも良いから形を一度作ってみることがポイント。そこでサニー、チェリー、フェアレディZなどの、オプション・オーバーフェンダーを部品倉庫から持ってきては、順番にあてがってゆく。Z用リア・オーバーフェンダーの前後を逆さまにフロントフェンダーに当てた時「いいじゃん、いける」と閃いた。次に、ハンドリベッターを用いて、フェンダーに取り付け、ボディから少し離れた所から見て、全体のバランスを確認する。OKとなれば、隙間は板金用パテ（岡田三郎板金から高性能パテを教えて貰った。斉藤自動車の頃に使っていた物より、遥かに高性能）を用いた。この板金用パテは乾燥してもしなやかで、剥落しにくく成形も楽だった。

流れるようなラインを作り出すテクニックは、鉄材を切るのに使用する鉄鋸の刃を両手で持って手作業で行う。30cmほどの刃を少し湾曲させ、刃が付いている方を使い、少しずつゴシゴシと、そぎ落としてゆく。リアも同様の手順で行い、前後のバランスを取る。ステップ部分は、手動式・折り曲げ機を用いてアルミ板を加工、前後オーバーフェンダーとの間を連結した形で成形した。

次に、フロントスポイラーもアルミ板を加工、一部をアルゴン溶接して製作。最終的な仕上げは遠くからバランスを検討し、細部を仕上げてゆく。次にサイドスカートもアルミ板を整形して装着。最後に、リアスポイラーの製作に入る。たまたま、スーパーシルエット・スカイライン用のリアスポイラーが眼に留まった。そこで取り付け場所に当ててみると、雰囲気がピッタリと合致。ただし、車幅が全然違うため、左右が大き過ぎる。「切断しよう」。決断したら、その後の行動は早い。それほど、苦労しないでリアスポイラーは完成した。

仲間のメカニックも、ある意味ではライバルであり技術を競っていたため、ライバルよりも優れた仕事をしようと言葉に出さなくても胸に秘めている。最初は、どうなることかと、疑問視して見ていた人も、マーチ・シルエットの全容が姿を表す

この車自体はレースには出なかったが、星野譲りのカーナンバー19を付けている。その後、星野一義選手に師事し、深くレースに関わってゆくことになる。

頃になると「良くやったね」と声を掛けてくれた。車両が完成すると、外注業者に依頼し、黒いボディ色を生かし、ボンネット、ルーフ、スポイラー、オーバーフェンダーが黄金色に塗り分けられて帰ってきた。

　ここから更に私の出番。事務所の女性たちも、近藤真彦氏の"マッチ"マーチ・シルエットということもあり、私が下書きしたカーナンバー、サイン文字などのステッカーをカッティングして手造りを手伝ってくれた。各種ステッカー、カーナンバーが入るとレーシングカーの雰囲気が俄然醸し出されてくる。

　製作にあたって、フロントスポイラーは固定式で構わないという指示で製作した。完成後、近藤真彦氏が富士スピードウェイを実際に走行する。どこで情報を掴んでくるのか、マッチの人気は絶大で、若いギャルが富士スピードウェイに大挙押し寄せた。中には猛者が居て、マッチのマーチを運ぶ積載車のドライバーに懇願して、助手席に乗って来る騒ぎを目撃した。レーシングドライバーと人気歌手・アイドルの違いを垣間見た瞬間であった。近藤氏は、これがきっかけとなったのか、この後、レースに深く関わってゆくことになり、初期の頃はマーチのCM関係で起用した関係もあって、大森ワークスが全面的なバックアップ体制を敷いた。

　マーチ・スーパーシルエットは、あくまでイメージカーとして製作された関係で、実際のレースには一度も参戦していない。最初から新型マーチのイメージを高める

ためのショーモデルの位置付けで、その年のモーターショーに展示され、その後、記念車として各地のイベントに貸し出された。

運搬は積載車で行われる関係で、車高が低く大型スポイラー装着のままでは、積載時、路面と干渉し何かと不便なため、脱着式にならないか、ということになり、岡田板金に依頼してレース用留め金（ズース）による着脱式に変更されると同時に、両端が曲線にマイナーチェンジされ現在に至っている。

国産グループCカー「LM03C」のコカコーラZ

コカコーラZは、1983年、チーム・ルマンが製作した純国産マシン。シャシーはアルミモノコック製で日産LZ20Bターボエンジンを搭載していたために、私もエンジンを担当する。

《富士1000キロレース》に参戦。2戦目となる《鈴鹿1000キロレース》前のテスト走行時、クラッシュして全損となってしまう。

アルミモノコック製（設計も深く関係するが）のためか、ボディ剛性が弱く、富士の高速コーナー100Rを駆け抜けてきた時に、ボディは大袈裟に捻じ曲げられた形のままヘアピンの侵入に向かわなくてはならない。和田孝夫選手が語るには「こ

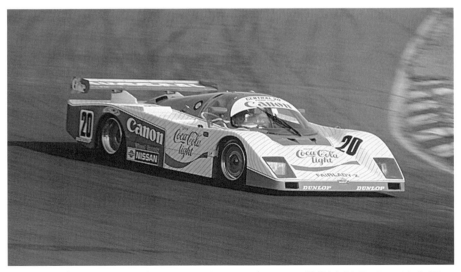

グループCスポーツカー時代の到来。コカコーラ・カラーの国産LM03Cに搭載されたLZ20Bエンジンに関わった。ドライバーは柳田春人/和田孝夫。ロングテールがスタイリッシュ。1984年7月29日《全日本富士1000kmレース》

の歪みが安定性を乱し、コントロールするのが難しく、凄く怖かった」。この言葉で解るように、じゃじゃ馬マシン。レース観戦する観客には、こんなコクピットで悪戦苦闘しているドライバーの苦労は一切伝わってこない。「何で、あの車遅いの」としか、思わない。

スーパーシルエット・スカイラインの長谷見昌弘選手も「エンジンの排気管熱が半端でなく、ウインドガラスを通してコクピットにガンガン侵入してくるので、たまらなく熱い」と、トミカ・スカイラインターボを語っていた。

こんなサウナ風呂以上の暑さが情け容赦なくドライバーに襲い掛かってくる。ドライバーはライバルのみでなく、強烈な左右前後G、振動、熱攻撃、ハンドリングの悪さ（曲がらない・重いハンドル）、ブレーキが効かない（弱い・強く踏まないと効かない）、ギヤが入り難い、重いクラッチ、視界が悪いなど、数々の障害と戦わなくてはならない。私は、搭載されているLZ20Bターボエンジンの担当だから、主にルーカスインジェクションの燃料セッティングが主な仕事となる。

ドライバーからのコメントは技術員が担当することが多く、その当時は知らなかったが、最近になって和田孝夫選手が語った話。「低速トルクがまったく無くて、コーナーでシビックにも抜かれるほど。5000回転から一気に吹き上がり7000回転でシフトアップ、アッという間にシフトチェンジしなければいけなかったので大変だった」。当時は、大きなターボチャージャーが最善だと採用されていた。シリーズ後半になり、やっとターボが小さくなり、欠点が改善されたと語る。

この例が示すように、戦いの最中には、数えきれないほど、行わなければならないことが優先されるため、ともすると、大事なことが見落とされてしまうことも数多い。

耐久レースでは燃料補給、タイヤ交換、時にはブレーキパッド交換なども、ピット作業で行われる。私が目撃したアクシデントの中で一番衝撃的だった出来事は富士の耐久レースで起きた。私はピット裏側の通路に居たが、あるチームが燃料を入れすぎたのかピットエリアで燃料をこぼした。たまたま、すぐ横にピットインしていたロータリー車がピットアウトするためにエンジンを始動した。排気管から噴出した火炎が、多量に漏れた燃料に着火したから、たまらない。大きな爆発音と共に、ピットの屋根よりも高く5〜7mの高さで漏れた燃料が燃え上がるのが見えた。逃げ惑うメカニックの姿が目に入ったが、どうすることも出来ない。大勢の人達で騒然となったため、何人がどの程度の火傷を負ったかは解らない。

時にはピットインしてきたレーシングカーが横滑りしてくることもある。危険と背中合わせの場所がピットエリアなのである。

「マーチカップ」マーチ・ワンメイク車両製作

　1984年から始まるマーチ（K10型）を用いたワンメイクレースの販売用車両を数10台製作することになり、私がその責任者として製作を統括することになる。

　ワンメイク仕様は主に安全装置の、ロールバー装着、四点式シートベルト装着、ドライバーシート交換、フットレスト取り付け、カットオフ・スイッチ取り付け、水温計取り付け、サスペンション交換などが主な作業。苦心したのは作業者によって車の完成度に違いが出てしまうこと。作業者は技術的に同じではなく、溶接が得意の人も居れば、不器用な人も居る。レベルを合わせるのは、意外とこれが難しい。それに、普段は決まりきった仕事は、ほとんどしないので、作業者の技術やアイデアを盛り込んで仕事をこなしている。そんな人たちに自動車製造ラインで求められる均一な生産を行えと指示することは難しい。どうしても個性を競う集団でもあるのだから。

　そこで、部品改造の専属制を採った。例えば水温計の取り付け。ブルドン管式センサー部をサーモスタット近くの部品にアダプターを溶接して装着する。この溶接を全数、同じ人に任せることにした。

　人によっては「どうせ、購入したら、そのチームの人が、手を加えるのだから」と、私の指示に、自分の意見を言ってくる人もいた。こんな簡単な作業指示でも、人を使う方がチューニングよりも難しいと感じた瞬間だった。ツーリングカーなどの改造と比べたら、ワンメイク車両製作など、私たちにとっては簡単すぎる作業なのだが、予想外のことに気を使わねばならなかった。

　組織の在り方として難しいのは、野球チームやサッカーチームではないけれど、一つの目的に向かって、いかに力を結集できるかにかかってくる。

　実際はどうか？　人は感情を表す性格の人と、自分の意見を内に秘めたまま表さない人に分かれる。しなしながら、どこかで自分の意見や、やりたい願望を必ず持っているため、どこかで自己主張してくる。「3人寄れば文殊の知恵」のことわざどおりに、意見の統一が出来れば一人よりも3人の方がより大きな力を発揮でき、良き結果に結びつく。これが5人、10人と人数が増えれば増えるほど、組織の在り方が問われてくる。30〜50人と増えれば増えるほど、大企業病が組織をむしばんでゆく。私の身分が平社員であったため感じたことは、権限を持つトップスリーの中に理解者がいないと、どうにも改革できないもどかしさを常に痛感させられた。

　大組織のトヨタは、この点を理解しているように見受けられる。レースやラリーに関して、優秀な技術を持っている外部の有力なチームなどに、資金を投資して

効率よく結果に結びつけようとしているようだ。例として挙げると、TOM'Sや TMSC、その他。飯よりレースが好きな連中が集まれば勝負の世界では大きな強み となってくる。

ただし、この方法の唯一の欠点は、内部の技術的ノウハウの蓄積（人を含めて） がおろそかになりやすい点があげられる。物事には長所短所を併せ持つため様々な 意見が生まれてくる。

NISMOへ出向

ある日、突然、日産大森ワークスがそのままニッサン・モータースポーツ・インターナショナル（略称・NISMO）に変わるという話が社内に飛び交った。大森に在籍している社員の扱い（給与・待遇）がどうなるのか？　業務内容がどのように変わるのか？　社員の関心は、この二点に絞られた。

全貌が次第に明らかになってゆき、社員全員が出向扱いに変わり、そのままNISMO社員になると判明。やがてNISMOの文字をデザインした数種類のデザイン案が大森に持ち込まれた。どのデザインが良いか、皆の意見が参考までに聞かれる。やがて、現在使われているデザインが本社関係部門で決定された。

公式的には、1984年9月17日NISMO設立、会社が登記された日だと思われる。大森社員は9月1日からNISMOに出向扱いとなり、10月1日からNISMOとして営業が開始された。それまでの日産自動車の制服から、新しくNISMOの制服が配られる。帽子も制服も一新されると、自然とNISMO社員の自覚が芽生えてくるから不思議だ。それほど制服の持つ意味は大きい。マンネリ化した企業も社員が喜ぶような優れたデザインの制服にチェンジするだけで社内的にも社外的にも、絶大な効果を発揮すると私には思えてくる。

奇しくも初代社長に、私が日産入社の際に嘆願書を提出した、特殊車両実験部の難波靖治氏が就任。嘆願書を提出したのが私であったことを、どこまで覚えているか確認はしていない。頭脳明晰な方であったので言わなくても解っていたに違いあるまい。

感慨深い点は、宣伝部がレース活動を行っていたという、見方によっては特殊な状況、見方によっては独創的な部署が終焉を迎えた

誕生間もないNISMO（ニスモ）に出向することとなり、その初代社長・難波靖治氏とともに

星野一義駆るマーチ85G・ニッサンVG30は豪雨の富士で優勝、世界選手権レースで勝利した最初の日本人となった。エンジンは米国エレクトラモーティヴ・チューン。長谷見昌弘の同型車と高橋国光/高橋健二のポルシェ962Cが追う。1985年10月6日《WEC in JAPAN》

ことを意味している。難波社長、小室博課長、柿本邦彦技術員、諏訪園俊幸技術員、現場の小林重信係長(1986年に蒲谷英隆係長は本社総務に転出)と、トップすべてのメンバーが、特殊車両実験部から転籍してきた人と入れ替わった。野中和朗氏から始まり、私が17年間の長きにわたり情熱を注ぎ込んできた大森分室の自由奔放で開放的な風土は、またたくまに消滅したことを意味している。人並み以上に感受性が強い性格と現場が立ち上がった第一号正社員として創立から終焉まで在籍した私だったため、一番強く感じたのかもしれない。

　私たちは「モータースポーツを通じた宣伝活動」の旗印のもとに活動してきた。どちらかといえば、メーカーの人と言うよりもディーラーマン的な応対で日産車ユーザーに接してきた。特殊車両部で育った人は、どうしても、メーカーの人という感じがよくも悪くも表に出てしまう。人が変われば自然と風土も変わるのは世の常。

　仕事的に、大きく変わった点は、《ル・マン24時間》参戦が念頭にあったためか、グループCカーに携わる人たちが4人ほど追浜より配転になってきて、現場も次第に大森ワークスの風土に追浜の風土が持ち込まれ、大きく変化してゆく。

　私はF3エンジン担当となり、グループCカーは、サブ的な仕事になる。このように、大きくは変わらないまでも、次第に変化を遂げて行く。

　NISMOに変わった直後の、10月6日、《WEC世界耐久選手権》の決勝レースは大雨となる。予選で星野一義選手・マーチ85G/VG30は、ポルシェ勢に肉薄する走りをみせたが、本命ポルシェ・ワークスやプライベートチームは、強い雨のため、次々と棄権。富士に降る雨は急激に強くなるため、スピンもあったが、星野一義選手はドライバー交代も行わず一人で最後まで走りきって優勝してしまう。悪天候で海外ワークス棄権という特殊な状況下ではあったが、世界選手権での大金星を挙げると

共に、NISMOの名前をレースファンに強烈に印象づけた。

これを機会に《ル・マン24時間レース》初参戦に向け一気に動き出す。この後、難波靖治社長は約10年間活躍したのちに勇退していった。

鈴木亜久里選手のF3エンジン担当

NISMO出向と同時に「藤澤はF3担当」と伝えられ、初めてF3（フォーミュラ・スリー）に関わることとなる。同じレーシングカーであっても、それまでの箱（ツーリングカー）と、フォーミュラカーでは全く違う。特にシャシーは別物である。そのためフォーミュラカーを整備するメカニックは本場ヨーロッパに修行の場を求めた。

それをフォーミュラカーの経験の無い若手の椿原淳夫氏一人に担当させるという無茶振りだが、フォーミュラカー経験豊富な星英治氏（セントラル20所属）を外部からアドバイザーとしてレース期間だけ補佐する体制で契約して何とか形は出来上がった。

社内的に、グループCカー担当と、F3担当にはっきりと分かれた。耐久レースのグループCは、その後の《ル・マン24時間レース》に初参加する目標もあり、ほとんどの人員、予算がそちらに回されることとなる。

対外的に日産自動車がF3に参戦すると報道されたが、その内情は諏訪園俊幸技術員、エンジン担当は私一人。シャシー担当は若手の椿原氏という3人体制のチーム構成で、鈴木亜久里選手を走らせ、1985年3月から片山右京選手にエンジンを供給し、1986年3月からは中川隆正選手にも供給するという体制だった。日産の技術員は事務職であり、レース参加のための各種業務と、技術的指導が業務である。走行準備する時や、ピットから車を移動する際や車検など、エンジンを掛けたままの自走が許されない場合も多く、二人で車を押して動かすのは広いパドックでは大変だった。

担当になって解ったことは、FJ20エンジンのF3初期開発は追浜・特殊車両で行われてきて、競争相手の、トヨタ、VWとの鈴鹿サーキットでのタイム差は3秒という本来なら決定的な形で私に担当が回ってきた。レース関係者であれば解ることだが、鈴鹿サーキットで3秒遅かったら勝てるチャンスは皆無に等しい。また、このタイム差の原因が何であるか解ってくれば尚更のことだが戦闘力を高め、戦い挑まなければならない。

F3エンジン規定は次のようなものだ。連続した12ヵ月に2500基以上生産された

量産エンジンで、排気量2000cc上限・直列4気筒。吸気制限付き（リストリクターと呼ばれるリング）で、流入空気量を制限し、イコールコンディションで戦えるように配慮している。そのため、チューニング的には大幅なエンジン改造が許されていたため、チューナーの腕の見せ所たっぷりのレース。

このリストリクターは1996年まで直径24mm×長さ3mmと規定されていたため、私が担当した1984〜85年は、この規定で行われていた。1997年から直径26mm×長さ3mmに拡大される。更に2013年から直径28mm×長さ3mmに変更され大幅に出力向上が図られた。

3秒のタイム差の原因は、ズバリ、エンジン重量の違いである（レース車両スペックは秘密主義であり、正確な重量は不明、あくまで推定値）。

F3で上位を占めていた、VWエンジン単体重量は約90kg（当時担当の大久保明氏に後年になって確認）、トヨタは最初が2TGで、約110kg（推定値）、その後3SGに変わり90kg（推定値）、日産のFJ20は何と約120kgもあった。

ドライバーは鈴木亜久里選手、ひとたびレースが始まれば、そこは非情な勝負の世界、エンジン重量が重いからなどという泣き言は、どこかに消えて言い訳になってしまう。さらに、長谷見モータースポーツが面倒を見る片山右京選手にも途中からエンジンを供給することになり、スペアエンジンを含め3基のエンジンを用意しなければならなくなった。流石に私一人では無理なので、最初の頃は他のメンバーも助けてくれる。

亜久里選手が優勝しても驚くことではなく、F3レースの経験は長く、日産と契約する前にF3レースだけでも1979年から83年まで4年間・29戦の経験を積んでいた。始めた頃はラルトRT1、その後ハヤシ320、ハヤシ321と変わるが、エンジンはすべてトヨタ2TGで戦っていた。

1979年9月1日《富士インター200マイルレース》F3レースに、初めて鈴木亜久里選手が参戦。ポールポジションは1分24秒99、和田孝夫選手／マーチ773・トヨタで、本番も和田孝夫選手が優勝、亜久里選手は13位という結果。17台と多かった。

日産に来る前年、1983年3月12日・鈴鹿サーキット《全日本BIG2&4レース》（参加台数9台）ハヤシ321・トヨタでポールポジション獲得（2分11秒33）して優勝。4月3日西日本サーキット《レース・オブ・フォーミュラジャパン》（参加台数6台）でも、ポールポジション獲得（1分11秒98）優勝という戦績であった。F3／トヨタエンジンで最終となるレースは、11月5日《JAF鈴鹿グランプリ自動車レース》、国産ハヤシ・シャシーにトヨタ2TGエンジンの組み合わせで4位を獲得している。1983年1年間7戦の結果は、優勝＝2回、2位＝2回、3位＝1回という優秀な結果を残しての移籍な

ので「亜久里は速い」と周囲には捉えられていた。ただし、この年のF3は参加台数がまだ少なかった。私が担当する頃になると20台前後と大幅に増えてゆき激戦区に変わってゆく。

興味深いことは、1980年から81年まで、同じF3レースに萩原光選手がアドバン東名マーチ・トヨタで16戦参加、鈴鹿サーキット、西日本、筑波サーキットで3回優勝していることである。日産（ニスモ）がF3エンジンを供給するまで、大森ワークスには、まったく縁のないカテゴリーであった。

1983年になると亜久里選手のレース資金が枯渇し、その状況をトヨタ系・トムスの舘信秀氏に相談したところ、セントラル20オーナー柳田春人選手を紹介され日産と契約できたと聞く。人と人の縁とは不思議に交差してくる。

こんな状況下で始まった初戦、1984年9月22日に鈴鹿サーキットで開催される《鈴鹿グレート20レーサーズレース》はNISMOでの初エントリーとなる。鈴木亜久里選手のF3・マーチ793の車体に初めて完成したばかりのNISMOステッカーを私の手で貼り付け、戦いに挑んだ。カーナンバー23番・鈴木亜久里選手での初レースは5位に終わる（参加台数は大幅に増加19台）。ポールポジション＆優勝は山田英二選手／マーチ793・トヨタ2TG、2位は兵頭秀二選手／トヨタ2TG、3位が佐藤浩二選手／コックスVW、4位松田秀士選手／トヨタ2TG、彼らはこの後のレースでも上位の顔ぶれとなる。片山右京選手はまだ参戦していない。

次戦の10月13日《筑波チャレンジカップレース第4戦》、キヤノンマーチ793ニッサンと、スポンサー名が入っての参戦。白いボディに赤いCANONのスポンサー名がまばゆく輝いていた。私はエンジンの組み立てを行ったが、個人的事情から出張できないため、他のメンバーが筑波に赴いた。ところが、このレースで優勝してしまう。2位は兵頭秀二選手／トヨタ2TG、3位が佐藤浩二選手／コックスVW、4位は中川隆正選手／トヨタ2TG。

戦いの最中で解らなくても、後で振り返ってみると解ることがたくさんある。高速コーナーを持たない筑波や西日本はドライバーの技量やその他の要因（エンジン仕様を最高馬力を少し下げても低中速トルクを強く）で、エンジン重量ハンディが打ち消されやすい。反対に、鈴鹿サーキット、富士スピードウェイだと、重量バランスの悪さはもろにタイムに影響を与えてくるため、車両のポテンシャルの優劣によって大きなタイム差となって表れてくる。

レース関係者の中でも技術的に精通している人であれば、エンジン重量の違いがラップタイムや戦績に大きく関わってくることを理解している。しかしながら、そのことが理解できない関係者や観客は「亜久里は速いのに…」という目でとらえて

いた。

　私の一番の葛藤は競争相手よりも実はそこにあった。詳しい内容は「F3マカオGPの思い出」で明かそう。

JAF鈴鹿GP・リタイア裏話

　1984年11月2日、3戦目のF3、舞台は鈴鹿サーキットに移り、《JAF鈴鹿グランプリレース》というビッグレース。練習中からタイムは伸びず2秒届かない。お互いに鎬を削る戦いの場であるから、私が知力を振り絞ってチューニングして初期の3秒差からタイムを短縮しても、相手もタイムが伸びてくるため2秒差をこえられない。テクニカル高速コーナーが続くサーキットではエンジン重量のハンディが厳しくタイムに影響を及ぼすため、そう簡単には解決できない。その事実を痛いほど理解しているのは、私と諏訪園氏、椿原氏の3人だけかもしれなかった。

　フォーミュラカーの経験を持たない椿原氏であったが、そこは大森ワークスに配属された若者らしく何かと勉強し、戦える状態までマシンをセットアップできていた。それでも予選結果は下位に沈んでしまい、無情にも打つ手はなし。ポールポジションは山田英二選手／マーチ793・トヨタ、2分11秒27。

　そこで私は勝負を掛けるべく点火時期を5度ほど高める博打を打った。この博打のメリットはほとんど得られない。ただ、何も手を打たなければ下位に沈むことは明白で、順位はっきりと見えていた。本番レースがスタートすると予選結果を反映し、ライバル達に、どんどん引き離されるばかり。レースは15周で争われるが6周目に亜久里選手がピットに滑り込んできた。「エンジンが重くなった」。私は左右に首をふった。（おそらく、ピストン＆シリンダーがダメージを受けた…リタイア）。鈴木亜久里選手の瞳に「キラッ」と光るものが見えた。私はただ唇を噛みしめるしかなかった。悔しさが腹の底から湧き上がってくる。初めから勝負の行方の予想はある程度解っていたが、この時の私の立場では他に打つ手は皆無であった。惨めに下の方の順位で最後まで走るよりも、亜久里選手にとってはリタイアの方が結果的に良かった。メカニック（私）の責任であれば選手の面目は傷つかないと）と、自分の心の中では泣きながら自分自身を慰めていた。勝負の世界では、中途半端だと現場はたまらない。そう強く感じた一戦だった。

　F3などのフォーミュラカーに於いて、エンジン重量が僅か5kg違っても、コーナーでの挙動は極端に変化してしまう。それに加えて吸入空気量の制限があるため、パワーの違いよりも車両重量バランスが、より一層重要なファクターとなってくる。

戦いに挑む前に、30〜35kgのウエイトハンデを背負っていた。それも重心位置から遠いリアに…。中央位置の重量はさほど大きく影響しないが中心をずれればずれるほど1kgの差は大きく影響してくる。勝負の世界は、妥協は一切許されない。

話は横道に逸れるが、他の選手がF3で練習走行しているので亜久里選手と二人で鈴鹿の1コーナーを見に行ったときのこと。「あの速度では、侵入速度が速すぎる」と、亜久里選手が声をあげた。「鈴鹿には16のコーナーがある。速度が速すぎてアクセルをほんの少し戻したり、ハンドルを修正するだけで、コンマ1秒タイムをロスしてしまう」。一周で1.6秒遅ければ、速い車がメインスタンドに来た時に、遅い車はまだ最終コーナーと大きな差が開く。

　F1のテレビ中継を見ていて「どうして、トップグループを走る車は速く走っても安定しているのに、遅い車ほどスピンやクラッシュするのだろうか？」と、疑問に思ったことはないだろうか。「遅い車ほどセッティングはベストに決まっていない」。それを必死でテクニックを酷使し、何とかバランスを保ちつつ極限の走行を行っている。反対に「速い車ほどセッティングがベストの状態に煮詰まっている」。セッティングが決まっていれば安全確実に速く走れる。レーシングカーは、この差が実に大きい。

　亜久里選手が語ったように、一つのコーナーで見ればたったコンマ1秒でも、一周になると大きな差となってタイムに表れてくる。だから鈴鹿のシケイン前の130R（カーブの半径が130m・サーキットでは高速コーナー）をアクセル全開で（F1だと時代で変わるが250km/h前後か）クリアできるかどうかが勝負の分かれ目と言われている。安定していない車であれば大クラッシュのリスクが高まるし、アクセルを一瞬ゆるめるしかない。ヘルメットをかぶっている首には4G以上の横Gがもろにかかってくるのだ。時には息を留め、歯を喰いしばってコーナーを駆け抜ける。

　東名高速道路では、半径130Rなどきついコーナーはなく、きついと感じたカーブでも最少半径は300Rなのである。御殿場ICと大井松田IC間を走行した方なら「きついコーナーがあるな」と感じたとしてもサーキットから比べたら、はるかに緩やかなコーナーの連続なのである。ここにレーシングカーの本当の凄さが隠されている。

　私が「レーシングメカニック」と答えると、多くの人から「レーシングカーは何km/h出るのか」と聞かれる。直線でスピードが出ても次に待っているきついコーナーをいかに速く安定して回れるかが勝負なのだ。曲がりくねったコースをいかに速いラップタイムで周回できるかのラップタイムを競う競技なのである。ヘアピンコーナーもあるため、最高速度記録を狙う競技とは、まったく異なるエンジン特性

を要求される。

　それにレースカテゴリーによって最高速度は大きく異なってくる。だからあまり意味を持たない質問だが、誰もが興味を抱く。F1やCカーだと、300km/hを軽く超えてくる。そこから一気に70km/hくらいまで減速し、一気に加速、こんな急加速・急減速を絶えず繰り返し周回タイムを競う競技なのだ。

　話は戻って、亜久里選手のF3を操縦して追浜テストコースを短時間走る機会に恵まれた。レーシングカーにはタコメーター、水温計、油圧計、油温計は装備されているが、スピードメーターは装備されていない。一般道路では速度計を見て侵入速度を把握する習慣が普通であるから、感覚だけでコーナーに飛び込んでゆくと、どこまでが限界なのかつかめなかった。レーシングドライバーは本能的に、そのあたりを五感で感じてコントロールできてしまう。

　この辺りの感覚を和田孝夫選手に聞いてみたら、「慣れたコースだと、どのあたりでシフトアップ（ギヤチェンジ）、どこでブレーキ開始など、身体が自然と覚えて行っている。初めてのサーキットではタコメーターがないとセットアップ出来ない」と、語っていた。

片山右京選手・F3初参加のエンジン担当

　ある日のこと、大森ワークスの3階エンジンフロアに小柄な片山右京選手本人が、F3エンジンを受け取りに来た。エンジンはキャスターが取り付けられたエンジン台に載せられて一人で押して移動や運搬が行える。車両用エレベーターを用いて二人で1階フロアまで降ろし、トラックに積み込んで長谷見モータースポーツに帰って行った。

　最近になって「どうして右京選手をサポートしたの」と、長谷見昌弘選手に尋ねてみたら、「ある会社の社長と右京選手が知り合いで、その社長は私も懇意にしていた。右京選手がF3に乗りたいと言っているので何とかならないか」と相談を持ちかけられた。「車の運搬や走らせるための作業などを本人がやるのであれば引き受ける」という条件付で引き受けた。こんなきっかけで話が進んだようだ。

　まさか、この初対面から7年後に、この右京選手がF1に参戦することになるとは夢にも思えないから、人生はまさにドラマチックだ。この事例でもわかるように、人生は自ら切り開くものだと感じる。また、人と人との絆は、ふとしたことから始まり、時には大きな運や不運を引き起こす。最大のポイントは、信頼できる良い人との巡り合いは大切にして、自分に不幸をもたらす人とは深く付き合わないことが

大事だと学んだ。

　一期一会とは言うものの、出会っても何のアクションも起こさなければ相手に思いは通じないから何も変わらない。夢や願いを言葉や行動で示すことによって、運命の歯車は突然動き出すことにつながってゆく。

　1984年最終戦《鈴鹿JAFグランプリレース》のリタイアという悔しい結果で幕を閉じた翌年、1985年のレースシーズンが開幕。3月9日・鈴鹿サーキット《全日本BIG2&4レース》が初戦となる。このレースから鈴木亜久里選手に加えて片山右京選手も初参戦、私は2台（予備1基・合計3基）のエンジンをメンテナンスしなければならなくなった。

　鈴鹿サーキットのパドックに到着すると、丁度、片山右京選手が一人でサーキットに来ていた。トラックから椿原淳夫氏と私と右京選手の3人でF3車両を降ろす。その後で、右京選手は自ら、ポリタンクからF3に燃料を給油していた。新人のプロ野球選手が進んで球拾いや用具の準備をするように、最初は何でも経験することが、後の人生に生きてくる。

　ピットインしてきた右京選手に長谷見選手がアドバイスを送る。「トップからまだまだ遅い。ピットアウトして、もっと差を詰めろ」。タイムが1秒変わったら、車の挙動も大きく変化する。遅いタイムでセッティングしても遅い車のセッティングになってしまう。星野一義選手ではないけれど、新人はひたすら走り込むことが大事だ。

　予選は佐藤浩二選手／ラルトRT30・VWがポールポジション（2分09秒62の好タイム）、本番レースは大方の予想を裏切って、亜久里選手がFJ20エンジンで鈴鹿サーキット初優勝を飾ることに成功する。日産社内的には「勝てない」と思われていた鈴鹿で、強豪・軽量エンジンのVW、強敵のトヨタに見事、雪辱することが出来た。この勝利はドライバーだけでなく、チーム全員の力が結集した結果であり、《JAFグランプリ》の雪辱を果たせたこともあり、私にとっても大きな自信を得た一戦となった。「やっと鈴鹿で勝てた」。それだけテクニカルコースでハンディを克服し、優勝した重みは価値あるものだった。初参戦の右京選手は6位に食い込む、上々の滑り出しであった。

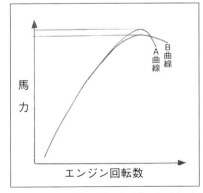

エンジン性能曲線。最高馬力が高ければ良いというわけでもない。

この裏には私がやっと掴んだ理想の性能曲線を描くエンジンを完成させた成果でもあった。鈴鹿仕様スペシャルエンジンは最高馬力の数値は3馬力低下していた。一流チューナーのみが辿り着けるポイントは、最高馬力以降の性能曲線図こそが重要と言える点だ。言葉だけでは解りづらいので二つの性能曲線図の違いを図面で示す。

　A曲線＝最高馬力が163馬力（6200回転）＝最高馬力到達後、ストンと馬力が低下している。

　B曲線＝最高馬力が160馬力（6200回転）＝最高馬力到達後、ゆっくりと低下している。

　この二つの性能曲線図を見た経験の無い上司であればA曲線を尊ぶ。実際のレースで勝利するエンジンはB曲線のエンジンなのである。何がどう変わってくるのか？簡単に書けばA曲線はピーキーなエンジン特性となり、最高馬力に到達するとガクンと伸びが失われる。対するB曲線は競り合っても競争相手の鼻先に伸びてゆける。コーナーからコーナーの繋ぎ部分でも元気よく伸びて行く。

　鈴鹿初優勝から約1ヵ月後の第2戦、4月20〜21日《日本インターフォーミュラ選手権》、富士スピードウェイ4.3km（参加台数は23台と盛況）。

　重い重量ハンディはエンジン重量の違いである。搭載位置は中心ではなく、後ろ側に位置する。すると富士の高速コーナー100Rで、車体後方がアウト側にスライドしてしまう。これを防ぐための対策は、リアスポイラーを立てる方向に調整することだが、1ノッチ・約5mm持ち上げると、パワーの無いF3エンジンでは、直線でのエンジン回転が約300回転ドロップしてしまう。ストレートが長い富士スピードウェイでは勝負にならないことは明白。

　私がチューニングメニューを考えて実施、結果を諏訪園氏がまとめて、上に報告するという逆パターンであった。この結果、私は自由に活躍できたが、同時に責任も重く圧し掛かる。

　到達した根本的対策は「エンジン軽量化を図る他に方法はない」。目標設定ができれば即座に行動に移せる。サンダーで鋳鉄製エンジンブロックの肉厚を朝から晩まで、削り取る。リブも薄く、外側も内側も、できるだけ広い範囲を万遍なく、ただひたすら削る。シリンダーブロックだけで一週間以上、他にも一個一個の部品をすべて見直した。チェーンガイドもカット＆穴開け加工、約20日間掛けて、エンジン重量5kgの軽量化を図った。流石に2基分用意するには工数が不足していた。このエンジンは亜久里選手用として活用されたが、右京選手用として、もう1基準備することは私一人だけでは工数的に無理だった。

5kgの軽量化効果は100Rで表れる。従来よりもリアスポイラーを1ノッチ下げても、100Rでリアが出て行く現象は減少し、タイム的に0.5秒の短縮が図れた。たった0.5秒と思う方もいるだろうが、レースではこの0.5秒の違いが大きく効いて勝敗を左右してくる。それでも予選は佐藤浩二選手／ラルトRT30・VWがポールポジション（1分39秒65）を獲得。レース結果は、1位・兵頭秀二選手／トヨタ2TG、2位・佐藤浩二選手／コックスVW、何とか3位に鈴木亜久里選手が食い込み、表彰台に登ることができ、2戦目の片山右京選手も4位入賞と、ある程度の好結果を得た。

　翌月の第3戦、5月25〜26日《ジョン・プレイヤー・スペシャルトロフィーレース》、鈴鹿サーキット6km（参加台数26台）、ポールポジションは岡田成一選手・ラルトRT3／トヨタ2TG・2分15秒683。

　練習中から、亜久里選手のセッティングがなかなか決まらない。そんな中で走行時間は刻々と過ぎて行く。「何かが、おかしい？」。亜久里選手が首をかしげた。星さんが考えた末に言った。「タイヤの直径を測ってみようか」。すぐにメジャーを持ってきて、外周を測定する。「タイヤによって直径が違う！」。椿原氏が叫んだ。

　レース用タイヤは、毎回、試作品と呼べる。タイヤによってタイムが違う。勝利するためには、ドライバーのコンディション、エンジン仕様、シャシーセッティング、タイヤのマッチング、更に勝負運など、すべての要素が上手くいかないと勝機は訪れない。この経験以降、新しいタイヤは必ず事前に直径を測定し、セットとして用意した。これが経験値で、一度経験したことを糧にして二度と同じ失敗を繰り返さ

期待の若手・鈴木亜久里が駆るラルトRT30・ニッサン。競合他車より重いFJ20エンジンに苦闘しながらもチャンピオン争いを展開した。1985年6月16日《レース・ド・ニッポン筑波》

ないように心掛け進歩してゆく。

レース結果は、優勝・佐藤浩二選手／コックスVW、2位・兵頭秀二選手／トヨタ2TG、3位／井倉淳一選手、4位に鈴木亜久里選手、片山右京選手は11位に沈む。亜久里選手は練習中に発生したタイヤ直径の違いによるアクシデントが響き、重要なセッティングが充分に煮詰めることがかなわず4位に甘んじた。

翌月、6月16日・第4戦《レース・ド・ニッポン筑波》、筑波サーキット・40周(参加台数20台)。鈴木亜久里選手はマーチ793の車体が古くなったため、新しいラルトRT30に変更したが、エンジンはFJ20のままであった。ポールポジションは兵頭秀二選手／トヨタ2TG・55秒65をマーク。優勝も兵頭秀二選手、2位・鈴木亜久里選手、3位に佐藤浩二選手、4位・五藤久豊選手、5位・片山右京選手という結果で終わる。やはり新しいシャシーセッティングを初戦でいきなり完璧にできるほど勝負の世界は甘くないから、星氏と椿原氏の努力も生きた良い結果と言える。

少し間隔の開いた第5戦・9月1日《レース・オブ・フォーミュラジャパン》、西日本サーキット・2.8km・30周(参加台数13台)。このレースも、練習中から良いタイムを叩き出しサスペンション・セッティングも2戦目で早くも決まる。「今回のレースは頂き」とチームスタッフ4人(諏訪園技術員、私、椿原氏、星氏)で勝利の予感が降臨していた。

予選は思惑どおりに亜久里選手・1分17秒74でポールポジション、本番も予想通りの展開で鈴木亜久里選手がスタートからトップに立ち楽勝。2位に岡田晃典選手／VW、3位・佐藤浩二選手／コックスVW、4位・片山右京選手／ニッサンFJ20と、上位4台を分け合った。FJ20エンジンの想い出の中でも記憶に残る一戦となり、私にも大きな自信を与えてくれた。やっぱり勝負は勝たないといけない。

F3マカオGPの思い出

西日本サーキットで優勝を飾った同じ9月末に第6戦・9月28〜29日《鈴鹿グレート2&4レース》、鈴鹿サーキット15周(参加台数24台)に参戦。予選は雨で、ポールポジションは佐藤浩二選手／コックスVW。

鈴木亜久里選手の車は精彩を欠いていた。その理由とは…諏訪園技術員が鈴鹿に到着した練習走行前の宿の部屋にて「アドバイザーの星氏を依頼する予算がなくなったので契約を打ち切った」「エッ！だって、まだ何戦か残っている。そんなことしたらチャンピオンを逃がしてしまう。ど、どうして」「Cカーの方に予算を取られ、F3の予算がなくなった」「……」。あまりにも衝撃的な言葉に、すぐには返事

が出てこなかった。やっと内容を理解して、私は何度も喰って掛るように諏訪園技術員に詰め寄ったが、弱い立場の私の意見では、どうにも出来ない歯がゆさしか残らない仕打ちだった。何の目的でレースを行っているのか、とても信じられない言葉だった。

　フォーミュラカーのサスペンション・セッティングは非常にデリケートで経験を必要とする。いくらレース経験があると言っても、それぞれのカテゴリーでノウハウは別物だから、ツーリングカーで最強の技術を誇ってもフォーミュラカーになると別物のノウハウを必要とする。たった、0.5mmの薄いワッシャー枚で走りが変わりタイムが変わる世界。ベテラン星氏という頼りになるアドバイザーを突然失った痛手は大きく、若手の椿原氏がいくら頑張っても、フォーミュラカーを一年も経験していないのだから経験不足は否めない。

　結局、このレースは、11周でリタイアとなるが、なぜかリタイアの記憶は欠落し思いだせない。右京選手も13位と沈む。この頃になるとトヨタは重い2TGエンジンから軽量コンパクトな3SGを実戦投入してきたことと、VWはコックスチューニングで戦闘力を高めていた。

　諏訪園氏はレース結果の受け取りや会社に結果を報告するため不在の中、リタイアした車両を小雨の中を椿原氏と2人で押すはめになる。パドックはコントロールタワーに向かって少しのぼっている、重い、3人は必要な力仕事なのに2人しかいない…。「俺、こんなのヤダ…やっていられない」。そんな思いが一瞬、脳裏をかすめ去る。天下の日産自動車がF3に参戦していると外部に広報していても、実際は私一人で2人の選手のエンジンを担当し、シャシー担当は若手一人、技術員一人のチーム体制とは情けない。グループCカーに全力を傾ける気持ちはよく解るが…。勝負の世界で戦うためには何かが違う…。

　最終戦の1985年11月1～2日、《JAF鈴鹿グランプリレース》、アドバイザー星さん不在とトヨタ新型3SG登場により、更なる重量ハンディを背負うことになった。参加台数25台、15周レースで行われた。ポールポジション佐藤浩二選手／コックスVW・2分09秒494という好タイム。前年のタイムより1秒244もタイムを短縮してきた。決勝レースも優勝・佐藤浩二選手、2位・岡田晃典選手／VW、3位・中山真選手／VWと上位は軽量コンパクトなVW勢が占める。亜久里選手は6位で終了し、チャンピオン獲得は、はかなく消え去った。右京選手は7位となり、F3チャンピオンは鈴木亜久里選手の手から逃げてシリーズ2位となってしまった。

　F3は日産（ニスモ）対VW（コックス）対トヨタ（TOM'S）の三強の戦いであった。この時、コックスのメカニックで腕を振るっていた大久保明氏は顔馴染みであった。

その理由は富士スピードウェイ正面のすぐ近くにレーシングガレージ（フランス車の整備も行っていた）日仏自動車（後年になってスリーテックに名称変更）があった。そこに職人芸で自動車整備やチューニングを行っていた西尾仁志氏が名声を博していたため、そこで4年間、修行を積んでコックスに来たのが大久保氏であった。現在はオールドカーの修理工場を営んでいる。

　本来は他人が評価すべきだが、1985年F3シリーズ一年間を回想すると、戦力外に近い重戦車のようなFJ20エンジンと、最小限の予算・人員にしては、よく健闘したと評価してもよかろう。戦いの場のレースだから、本来ならチャンピオンを獲得して初めて満足できたと言えるのだが…精一杯戦った結果だから。

　片山右京選手はシリーズ6位。マシンのポテンシャル（エンジン重量のハンディ）や、新人ということを考慮すると素晴らしい結果を残している。私の気持ちとしては（もっと戦闘力のある軽量エンジン）で、戦わせてみたかった。

　ここまでの戦績で解るように、9月1日時点でのシリーズポイント1位、チャンピオンに一番近い位置にいた。ポイント上位3台は、この年の《第32回マカオGP》・11月24日の参加資格が生まれる。日本のレースしか知らない私にとっても憧れのマカオである。羽田空港から香港に降り立ち、水上艇でマカオに向かう。驚いたことは建築中のビルの足場が細い竹を組み合わせ縄で結わえつけた頼りない足場だったこと。「こんな足場で大丈夫なの」と心配になるほど頼りなかった。予想外だったことは、ポルトガル植民地だった影響で、クロワッサンが日本で味わったこともないほど、おいしかったこと。

　コースは市街地なのでコース幅は狭く、ガードレールぎりぎりまで攻めなければタイムは出ない。マカオ到着後の練習走行中に軽くガードレールにヒットしてピットに戻ってきた。「軽く当たっただけ…」。サスペンション・アッパーアームが曲がっている。スペア部品と交換するため、練習走行は中止となる。

　ガソリンの色は綺麗なブルー。ガソリンやオイルの色が異なるのは着色剤の色の違い。日本のガソリンはピンク色だがグリーン、ブルーなど色々な着色剤がある。マカオGPはヨーロッパの強豪選手、強豪チームの強力マシンが多数参戦してくるレベルの高いレースとして有名である。ここでも、強豪チームとの大きな格差を目の前で味わうことになった。そもそも、日本のF3レースでも、ポイント1位でマカオGPに参加できることは奇跡的な結果。それは鈴木亜久里選手のレーシングテクニックと長年のF3経験値、諏訪園氏の努力、私の努力、椿原氏の努力、星氏の的確なアドバイスなどが、上手くミックスして得られたチーム結果に他ならない。戦績は一人の力でなく、チームワークで得られるものだ。

予選が始まる。非情な勝負の世界は冷酷な事実を我々のチームに付きつけてきた。「勝負にならない！」。鈴鹿JAF-GPで味わった、屈辱の感覚が蘇ってくる。それはマシンのポテンシャルがあまりにも低いこと。私にはある程度、予想できていたことではあるが、現実として目の前に露呈されると悔しさがこみあげてきて受け入れがたい。どうにも対策が打てない悔しさ、もどかしさが襲ってくる。言葉には誰も出さないが胸の内は同じ思いでいたと推し量れる。

　予選前の車検、大きなクレーン車のフックの中間に重量計が装着され、U字型のロールケージで車体を吊り上げることにより車両重量が測定される。日本では路面に設置された重量計に車両を手で押して載せることで測定されるのと大違い。競争相手の重量測定を観察していると、ほとんどの参加車両はロールケージの位置が車両前後の重量バランスの支点位置にあるため、最初から最後まで水平を保ったまま持ち上がってゆくため20〜30cmも持ち上げれば測定は終了する。。

　我々の順番がきた。軽量化エンジン搭載でも後ろ側（エンジン搭載側）が重いことは痛いほど解っていた。果たしてどこまで傾くか。吊り上げが開始される。注目して見ているとフロント側がどんどん持ち上がる。しかし、一向に後側タイヤは路面に接着されたごとくびくとも動かない。どんどん車体は傾いてゆく。「この場から、逃げ出したい…」。車体がとうとう45度近辺に傾いたとき、ようやくリアタイヤが路面から離れた。フロントタイヤは路面から3mほどの高さだ。「このマシンで、よくぞ戦ってきたものだ」。やるせない気持ちが、ふつふつと湧き上がってきた。本番レースは、何も出来ずに終わった。市街地走行では車両バランスが痛いほど効いてくる。

　我が目を疑うほど驚いたことは、走行が終わった車両がパドックに帰ってきた時に衝撃のシーンを目撃した。アッと言う間にメカニックが群がり、マシンのタイヤ4本をサッと交換してしまった。日本では、F3だけでなく、すべてのレースは、レースが終了すると、車検場にそのまま車は一時保管され、メカニックが手を触れることは一切出来ない。何かをしたら即座に失格となる。タイヤ4本を交換する理由は…そのままでは車両重量が規定重量を下回っていることを意味している。おかしいけれど、これが現実に目にしたことで、誰も問題にしていなかった。

　鈴木亜久里選手はF3レースの他に、1985〜88年・ツーリングカー／スカイライン。1985〜87年富士グラチャン（GC）シリーズ参戦。1985年F3の他にマーチ842でF2レース3戦、1986年に1戦、1987年／F3000で9戦出走し、優勝2回・2位2回。1988年・F3000で8戦出場し、優勝3回に2位3回という好結果を残している。

　1988年5月28〜29日に行われた《鈴鹿フォーミュラジャパンレース》F3000の結

果は、優勝／鈴木亜久里、2位／星野一義、3位／関谷正徳、4位／E.ピッロ、5位／高橋国光、6位／岡田秀樹、7位／片山右京、8位／森本晃生といった具合。F3で戦った選手も多い。

　鈴木亜久里選手は、1989年からザクスピード891・ヤマハでF1にフル参戦する。チームもマシンもエンジンも戦闘力不足で全戦予選落ち（この頃はエントリー台数が多いため予備予選が行われた）という不本意な記録を作った。私のF3時代とラップさせながらテレビ観戦していた。

　その翌年、1990年の《日本GP》鈴鹿で見事3位入賞し、日本人初の表彰台に登る快挙を達成する。多くのレースファンがその快挙に酔いしれたが、私の中でも特別感慨深いものが込み上げてきた。

　片山右京選手は、翌年の1986年から87年、フォーミュラ・ルノー・フランス国内選手権・フランスF3選手権に参戦。日本に戻った1988年から90年まで3年間、全日本F3000レースに参戦する。日産大森ワークスは当然ことながらF3000には一切関係していない。F3000レースの前に幾つかの前座レースが行われる。そのためにユーザーサービスで出張することも多く、パドックで右京選手の姿をたまに見かけることもあったが、お互いに軽く会釈する程度（チーム関係者と打ち合わせなど、一人で居ることは少ない）

　ご存じのように、1992年からF1に参戦し、1997年まで活躍した記憶は今も鮮明に覚えている。「頑張れ、頑張っているな。無事で終わってくれ」と実況放送を見ながらいつも願っていた。

　F1で活躍した二人の選手にほんの少し関われたことが、その後の私の人生に大きな自信を与えた。

神岡政夫選手のフェアレディZ・ラリー車担当

　毎日、同じ仕事をするわけではなく、ドライバーと同様に、異なる仕事も次々と舞い込んでくる。そんな仕事の一つがフェアレディZ（Z31型）で全日本ラリーに参戦する神岡政夫選手のメカニック。主に中村誠二氏が担当していたが、一人だけでは人手が欲しい時もあるので私が呼ばれた。

　日本の道は狭く、軽量でコンパクトな車が有利となる。トヨタAE86全盛期、強豪はADVAN三人組、山内伸弥選手、大庭誠介選手、羽豆宏一選手の三菱A183A型スタリオンGSR-V・タスカ・エンジニアリング他。そんな状況下にフェアレディZ・300ZXターボという重くて大きなボディを持つ車で参戦するというのだから大

変だ。エンジンスペックで比較すると、AE86・4A-GEU・DOHC16バルブ・1600ccで、最高出力130馬力。スタリオンは、G63Bシリウス DASH3×2・SOHC・1気筒3バルブ・日本初可変バルブタイミング機構、日本初空冷式インタークーラー装備、電子制御可変過給圧ターボ採用、2000cc、最高出力200馬力。フェアレディZは、VG30ET・SOHC・V型6気筒・3000ccターボ、最高出力230馬力を誇る。エンジン出力を比較すれば戦闘力は比較にならないほど桁違い。

「神岡ターン」という異名を持つ名テクニックの神岡政夫選手とニスモの技術がドッキング。練習走行を重ね、熟成してゆく。一言で表現すると「凄い！」。狭いコーナーを斜め横に傾きながらフロントフェンダーが右の壁に触れんばかりに、リアバンパーが左の壁（草木）に時には触れながら速い速度で駆け抜ける。クローズドサーキットで行われるレースよりもはるかに危険な要素が数多く待ち受けている迫力ある走りだ。

このニスモ・フェアレディZがラリーに参加すると、強豪たちが愕然とする速さを発揮した。特に、登り坂が長く続くスペシャルステージにおいて、そのパワー差を如何なく発揮した。

練習後に食事をした際に食欲旺盛な神岡選手にビックリさせられた。「ラーメン、かつ丼、それに焼きそばをお願いします」。エッ、気前よくおごってくれる？　違った。「全部食べる」。パワーの源は食事にあった。

神岡政夫選手の操縦で1985〜86年の全日本ラリー選手権で大活躍したフェアレディZ

私はＦ３も担当していたので、全部のラリーではなく、奈良県で行われた関西夜間ラリーにメカニックとして同行した。日産ユーザーが参加するラリーサービスなどは何度か経験していたが、全日本クラスのラリーを近くで見るのは初めての経験だった。夜間ラリーだったので、灯りを付けたサインボードを掲げてピット場所をドライバーに知らせる。よそのチームの車が、かなり速い速度で走ってきたと思った瞬間、私達の眼の前で、いきなり真横になった。真横になったままの姿勢を保って、横にスライドしてゆく。15ｍほど滑って、丁度、速度が落ち停止直前、そのままス～ッと前に進んでピットにピタリと入って停止した。「凄～い！全日本クラスは違うな」。感嘆の言葉しか出てこなかった。やがて神岡選手が飛び込んできて、アッという間にメニューを消化して送り出す。待っている時間は長くても、作業時間は時間との勝負だから10分以内で終了して見送る。

　1985年度の全日本ラリー選手権、このフェアレディＺで、めでたくシリーズチャンピオンに輝く。神岡選手はその後、スバルに移り、1993年スバルインプレッサでチャンピオンに輝く。1994年から海外ラリーに参戦し、1996年《ＲＡＣラリー》で見事総合2位に輝く快挙を達成。これがいかに凄いことか、レース＆ラリーになると日本の国民性として評価は低いが、オリンピックで銀メダルを獲得するのと同レベルの活躍なのだが、新聞もテレビのニュースでも放送されない。これが日本のモータースポーツの嘆かわしい実情。その他にも数多くの入賞を飾っている。「神岡ターン」という伝説的なターンの正体を本人に尋ねると「滑りやすい雪道でのスピン回避テクニック」だそうだ。現在は富山県でカーショップ・プロジェクトＫを経営している。

ニスモ最後の仕事・ＣＡ型Ｆ３エンジン開発

　1984年6月、二代目トヨタ・カムリ（Ｖ10系）から、エンジンの小型軽量化が時代の流れとなり重くて大きな2ＴＧエンジンから、新開発した3ＳＧエンジンを搭載し新発売した。この朗報に待ってましたとばかり、トヨタのチューナーは、トムスと戸田レーシングがＦ３エンジンの開発を急いだ。このエンジンがＦ３に参戦してきたことで、ニッサンＦＪ20型は更なる苦戦を強いられることになった。1986年は結局、トヨタが全日本Ｆ３選手権でエンジンとドライバーのダブル・タイトルを獲得する。

　1986年2月、シルビア（Ｓ12型）がマイナーチェンジされる。それまで搭載されてきたＦＪ20型エンジンから、小型軽量化を盛り込んだＣＡ型エンジンが、ようやく市販車に搭載され、Ｆ３エンジンとして使えることになる。

F3エンジンに搭載するためには、JAFに「公認申請」して認可されなければならない。

　主なものは、カムカバー（ヘッドカバー）、オイルサンプ（ドライサンプ化に伴い変更）、インテークマニホールド（スライドバルブ方式変更）、エアボックス、エアリストリクター（エアボックス吸入口に設置される吸気制限リング）、などがある。普通のエンジンから純粋なF3レース用エンジン仕様に改造が行われる。

　吸気系はスライドバルブを組み込み、細長いダクト（エアボックス）を装着する。オイルパンも通常のオイル貯まり方式のオイルパン（専門的用語でウェットサンプ）から、ドライサンプ潤滑方式（オイルをスカベンジポンプで強制回収し、リザーバタンク（オイルタンクとも言う）に溜め、オイルポンプで圧送する）に改造される。オイルパンはアルミ製の底が浅いタイプに変更し、機械式オイルポンプはコグドベルト（ベルトに凸凹の歯を付けてプーリーの凸凹と噛み合う）で駆動される。ドライサンプ方式に変わることで、オイルパン底面が車高限度すれすれの位置に収まることで低重心化が図れる。レーシングカーにおいては重心を出来る限り路面に近い低重心にするほど高速度コーナーで有利になるための常套手段である。

　ボッシュメカニカルインジェクション用のポンプ駆動は二方法が考えられる。FJ20エンジンの時はカムシャフト後端で駆動していたが、クランクプーリーからコグドベルトで駆動する方法もある。また、フォーミュラカーでは、エンジンも構造体の一部を形成するため、シャシーと連結するためのエンジンブラケットが新設計で取り付けられる。

　このようなワンオフ的な仕事は、私が最も得意とする業務であり、会社に行くのが楽しくてたまらない。いつも決まったように同じ仕事をする自動車製造ラインでも楽しく働くことが出来るし、自由な発想で新しい業務をすることも、また違った楽しさが待っている。ポイントは何事にも挑戦する気持ちを持って自分の仕事の幅を広げてゆくことに尽きる。

　これらのレース専用部品の設計は、レース用エンジン設計の経験を積んだ外部の外注業者に依頼、製造、納品されることが多い。Cカーなどのシャシーを、マーチなど外国製を活用するのも同様である。その理由は、R380のように、すべてを自社開発するためには莫大な資金と蓄積したノウハウを必要とするからだ。かつてプリンス自動車はあまりにもレース活動に資金を投資したため経営に影響を及ぼし日産に吸収合併されたと言われている。

　このCA型F3エンジンを開発する少し前に、鶴見のエンジン製造工場から、新しくニスモに課長が移籍してきた。サファリ・ラリーにエンジンを送ると言うので

私は言った。「鍛造ピストンを組み込まないとだめだよ」。新しい課長は私の提言を聞かずに鋳造ピストン仕様でエンジンを現地に送った。間もなくして「現地でエンジンが壊れている」という情報がもたらされる。新しい課長は実戦の厳しさを何も解っていない、そう思っても私の置かれている立場では何もできることはないもどかしさ。

　1986年が終わる頃、新しいCA型F3エンジンが1ヵ月間ほどで完成し、カー雑誌に紹介記事とF3エンジンの写真が掲載された。エンジンの横には新しく移籍した課長が誇らしげに写っていた。

　他の人が「藤澤さん、呼ばれたの」と聞いてきたが、「いや、何も」。

　大きな会社ではよくあることと受け止めた。私は何の肩書も持たない職人だから、大きな組織では仕方がない。そうは割り切っても身体のどこかで、納得できない気持ちがマグマのように湧いてくるのを感じとっていた。このF3用CA18DE完成から数ヵ月後にオーテックジャパンに出向する。後年の1989年になるとニスモから離れ東名パワードにF3エンジン開発が依頼されることとなる。

オーテックジャパンへ移籍・VEJ30耐久試験担当

　桜井真一郎氏が社長となり、茅ヶ崎にオーテックジャパンという新会社が出来るという情報が伝えられた。自由な発想が求められる会社だと聞いて、心傾く。また、桜井氏の名声は何かと雑誌などで取り上げられ記事を読んでいたので、その人の下で働きたいと思うのは自然の成り行きであった。そうは思っても、ただ漠然と過ごしていても状況は変わらない。思いきって元上司の蒲谷英隆氏に願い出てみる。「オーテックジャパンに行きたい」。

　都合よいことは、グループCカーのエンジン開発がオーテックジャパンに移されるという。それもあって、願いは通じ、1987年2月1日、めでたく、オーテックジャパン（茅ヶ崎）に出向となる。日産大森分室からニスモに変わり、出向扱いになっていたので、出向から出向という、例外的な転籍となった。

　グループCカーについて、少し説明をしておこう。1982年、《WEC世界耐久選手権》が富士スピードウェイで初開催、名前が示すようにグループCの耐久レース。当時、最速を誇った車は、美しいボディに、高性能シャシー、官能的な排気音を奏でるポルシェ956の勇姿だった。圧倒的な強さを誇るポルシェに、日本の自動車メーカーは衝撃を受け、翌年からニッサンはグループCカーの活動を開始する。1983年に星野一義／萩原光組インパル・シルビア（マーチ83G）23号車がポルシェ勢に続く

7位、まだまだ差は大きかった。この頃のエンジンは、まだ大森ワークスが担当していた。

1985年にマーチ85Gに車両をチェンジ。アメリカでニッサン車を使用しIMSA-GTシリーズに参戦していたエレクトラモーティヴ・チューンのVG30エンジンを搭載した。アメリカからエンジンが送られてくると、エンジンには大きなモリブデン添加剤が一本同梱されてきて、それを添加して使用した。メンテナンスを含んで国内レースで走らせるのは大森ワークスの仕事だった。

1986年に、ニッサン（マーチ）86G／VG30を搭載した2台がル・マン24時間耐久レースに初参戦。長谷見昌弘／和田孝夫／ジェイムズ・ウィーヴァー（英国人）組が、16位と健闘し初完走する。

1987年の《ル・マン24時間レース》に向けた、新型エンジンのVEJ-30型・3000cc・V型8気筒・ツインターボ開発をスタートする。オーテックジャパン出向で、このエンジンの耐久試験担当が私に回ってくる。

オーテック設立当初は、まだエンジン実験室などの設備が茅ヶ崎に完成していないため、追浜・特殊車両実験部・エンジン実験室にて作業が行われることになり追浜に出社する。

オーテックジャパン・エンジン班のメンバーは、鶴見のエンジン実験部から3人、大森から私1人、追浜から組長と他に2人、北村英敏技術員1人、合計8名で発足した。

心弾んで出勤した私が落胆するのに、さほど時間は掛からなかった。会社発足の謳い文句から考えて大森ワークスと同じような自由闊達な企業風土を期待していた。工具箱を見ると斉藤自動車（昭和38年頃）に使用していた観音開き（両側に開く）の工具箱が置かれていた。昭和40年代になるとレーシングチームのメカニックはスナップオンの機能的な工具箱を愛用していた。それなのに販売店にサービス出向しエンジンOHを行った時と同様な木で作られた分解台であった。この方式は同じく昭和30年代から使われていた分解台の形式。この二つを見ただけで、職場の空気が読めてしまう冷めた自分が居た。時代が大きく逆戻りしたことを暗示している。各部署から集まってきた大森ワークスには、私も含め、同じように町工場で修業を積んだ人たちも新たに加わり、対外的にユーザーや外注チューニングショップとの繋がりも深く、進んで良い所は積極的に取り入れようとする自由で先進的な風土が育まれていた。大森分室・新社屋完成のところで紹介したように、工具箱ひとつ取り上げても、ポート研磨台ひとつ取り上げても、独自に最先端の改善を盛り込むことが出来ていたので、余計にガックリときた。

追浜研究所は正反対に、外部と完全に隔離された世界であった。その追浜出身

の組長の上司の下に所属するのだから最悪だ。「先が思いやられる」と、早くもどこかで感じ取っていた。

　レース用エンジンのベンチテストは経験を必要とする。排気温度計とにらめっこしながら流量調整ダイヤルを微調整し、燃料混合比を調整する。少しでも薄くしすぎれば、アッという間に、排気温度は1100℃を超える。エンジン全開から回転を下げる場合は、ゆっくりアクセルを戻してくると、瞬時にエンジンブローすることが多い。スパーンと一気にアクセルを戻さないと駄目だ。耐久試験だから、北村技術員から指示された回転数と時間に沿って、トラブルが発生するまで試験を続ける。回転数は上げたり下げたりするが、常時4000回転以上の高回転で行う。だからいつ何が起きるか解らない。エキゾーストマニホールドはオレンジ色に綺麗に輝き、エンジン音も防音壁を通して伝わってくる。手に汗握る緊張が長時間続く。気を抜くとエンジン破損炎上につながるため、一瞬たりとも気が抜けない。

　水温の変化、エンジン音の変化、油圧の振れ、些細な変化を素早く読み取り対処するため絶えずエンジンと会話しながら試験を進めてゆく。「排気音が変わった」。緊張が走る。即座にスロットルを戻しエンジン回転を下げ、ベンチ室内に入り、原因を探す。耐久試験だから、よほどのことがない限りエンジンは停止させないで処置する。エキゾーストマニホールドではなく、ベンチ室設備にあたる排気管の亀裂であればホッと胸を撫で下ろす。「水温が高くなった…やばい」。原因はすぐに察しがついた。私は設計屋さんでは無かったが、物作りを長年してきた関係で、一目見ただけで壊れそうな弱い所が自然に浮かび上がって見えてくる。このエンジンには決定的な弱点が2ヵ所あった。

　ひとつはシリンダーヘッドの強度不足、設計的な物だから鋳型の変更や設計から変更しないと根本的な対策が出来ない。解っていても私にはどうすることも出来なかった。

　もう1ヵ所も重要な場所の設計に関する弱点だから、ヘッドよりも更に対策が難しい。フロント側にチェーンではなく沢山のギヤが組み込まれ、カムシャフトを駆動しているギヤトレーン方式。数々のギヤの中で中央付近に位置し、過大な負荷が掛るギヤがあった。そのギヤを締め付けているボルトが、何と、シリンダーブロックのメインオイル通路に貫通している構造だった。振動でボルトが緩むと、高い油圧が掛かっている所だから、多量のオイルが一気に吹き出しエンジンが破損する。公式には、どちらのトラブルもエンジンブローと発表される。

　茅ヶ崎市に建設中のオーテックジャパン新工場が5月頃に完成すると、スタッフ一同は追浜から移転した。私の読み通り、大森ワークスの解放感溢れる風土と異な

り、昔の時代に逆戻りしたように感じてしまうことが日常的に頻繁に起きた。自由なベンチャー企業の創設という触れ込みではなかったのか。早くも心は折れた。せめてエンジン分解台だけでも大森と同じ、回転する分解台にするよう提言し、導入された。

　移転後、間もない頃、桜井真一郎社長が工場視察に訪れた。すぐ近くで初めて接する。人は外観だけでは判断できないが、技術屋出身らしい誠実で温厚な人柄でオーラが漂っていた。エンジン分解室を訪れると、「ここに作業台があるのはおかしい、外に出すようにしなさい」。鶴の一声で作業台はエンジン分解組み立て室から外に出された。作業台には万力が備えられていたため、切粉が出る作業を懸念したためと思われる。

　途中から鶴見エンジン実験部から課長が移転してきて、エンジン実験に加わる。課長の指示で、ヘッドガスケットと同じ形状の感圧紙を組み込み、正規トルクでヘッドを締め付け、分解する。すると、圧力の高い所ほどピンク色に染まる。ゴルフの球の当たる所をチェックする原理と同じ感圧紙方法。レーシングエンジンは通常の設計と異なり、ヘッドガスケットは二つの部品で構成される。シリンダー上部に溝が切られ、そこに丸い金属製リング（クーパーリング）を嵌める。このリングはヘッドで押され変形し、燃焼室の爆発を密閉する役目をしている。新しく来た課長は「排ガスが少し漏れているので、リングの下にシムを入れるように」と、指示してきた。「何で、そうするの…浮かせれば浮かせるほど、周りをヘッドボルトで締め付けたら、弱いヘッドは、余計に力が掛って亀裂が入りやすくなるのに…。子供でも解る理屈（ここは流石に言っていないが）だと思うが」と私が幾ら直訴しても通じなかった。1987年7月19日、そんな状況下で、レースは行われた。富士スピードウェイ《全日本富士500マイルレース大会》。私は星野一義／高橋健二組のエンジンを担当。追浜組の若手が長谷見昌弘／鈴木亜久里組を担当する。星野／高橋組のシャシーを担当するのはNISMOメカニックだから元同僚達で気心は知っているので仕事はしやすい。

　Cカーに搭載するエンジンは新開発されたVEJ30型。私は耐久試験で弱点がよく見えていた。しかし、戦いの場であるレースは絶対にリタイアしたくない。

　VEJ30エンジンをボディに結合するエンジンマウントは一般車と別物で、厚み8mm×長さは車幅より少し狭い、ジュラルミン製の一枚板。これをエンジン前面にボルトで取り付ける。前に指摘した弱点の一つであるギヤ取り付けボルト緩み対策として、短時間で固く硬化する「デブコン」というボンドを盛り付け、エンジンマウントを取り付けた。もう一台の長谷見／鈴木組を担当するオーテックジャパン

の仲間（追浜から出向してきた若手）に、同じような対策を施すように声を掛けたが、なぜか行わなかった。チーム毎に分担して行われる関係で、他チームに、それ以上、強く口出しは出来なかった。

　勝負の世界は皮肉なもので、上位を快走する星野選手が28周目頃に、ヘアピンを通過する際、白煙を噴出するのが見えた。「ヘッドに亀裂が入った」。私にはすぐにトラブル原因が解った。すぐにピットに飛び込んでくる。

　ヘッド亀裂で冷却水が漏れるトラブルを経験してきたNISMOの仲間は対策を打ってきていた。付け焼刃的にはなるが冷却水を圧力で注入できる装置であった。数分で注入が終了しピットアウトする（これが残り数周での出来事であれば何とかなるが500マイル（優勝車の周回数は、約180周前後）の序盤で発生したのだからダメだ）。結局、30周でリタイアとなって唇を噛みしめるしかなかった。

　対策を打たなかった長谷見／鈴木組は順調に周回を重ねている。そう思って見ていると、恐れていたトラブルが突然訪れる。例のギヤボルトが緩んでしまい多量のオイルを噴出。43周でのリタイアとなってしまう。私は怒りを通り越して虚脱感に支配された。「壊れる物は何も対策を打たなければ高い確率で壊れるのに」。トラブルが逆の目に出れば1台は完走できたかもしれないが、勝負の世界にタラレバは通用しない。

　この頃になると、中央研究所のメンバーが加わり（このメンバーの中に林義正氏もいた）燃焼解析が行われる。鶴見のエンジン実験部から移籍してきたメンバーは最初の頃はレーシングエンジンが初めてであったが、優秀な人材で、排ガス測定など、経験豊富であった。大森ワークスはレース専門部署であったため、排ガス測定などの知識経験は無かった。燃焼解析が行われるのを遠目でチラッと眺めながら、冷めた自分は考えた。

　「燃焼解析で、すぐに結果は出せない。出た結果を実物に反映する設計、目標とするレースまでの時間的余裕、物に反映してゆくノウハウが必要だ」。今まで書いてきた履歴で解るように、部品を一目見て欠点や問題点を即座に判断できる経験を積んできた。ホンダ、トヨタ、ニッサンが外国製シャシーを採用する理由も、ここにあると私は思っている。長年の経験値は一朝一夕には育たない。

　最大の問題は「いかに勝てる組織を作るか」にかかっているというのが、勝負の世界で戦ってきた私の結論。野球でも、サッカーにも共通するテーマである。

　「ああ、私の職人として活躍できる居場所はなくなった」。私は自分の掴んだ改善点を簡単な略図と説明文を5枚ほどのレポートにまとめ上げ、上層部に提出した。それに対して予想していた通り、呼び出しも何の変化も起きなかった。年末が近づ

くに従い、私の中で自分の能力を生かすためには退社して独立するしか生きる道はないなと決心が固まっていった。

エンジン班でのお別れ会は行われたが、年末の御用治め、社員全員の終礼が始まり、途中から赴任してきた課長が鶴見の実験課に帰る報告が行われた。桜井真一郎社長が「よく頑張って活躍された」と、お褒めの送別の挨拶をされた。

私も退社の挨拶を頭の中で巡らしていたが、お呼びは掛らず年末終礼はあっけなく終了する。10ヵ月間の出向とはいえ、日産自動車（関連会社含む）に20年間勤めた割には、あっけない幕切れで終わった。

レーシングメカニックは、歌舞伎の黒子と一緒。どんなに裏舞台で活躍しても表舞台にはめったなことでは表れない。それが宿命である。あるドライバーが私にこう言った。

「2輪は車（マシン）が20％で腕（テクニック）が80％だが、4輪は車が80％腕が20％」この言葉を証明するのが、2014年度のF1。小林可夢偉選手が乗るケータハムがどんなに頑張ってもマルシアとの最下位競争であり、トップタイムをマークするメルセデスAMGやフェラーリとは歴然とした大きな格差があり、ドライバーのテクニックだけではどうしても埋められない。上位を走るポテンシャルを持つチームに一度でいいから乗せてあげたいと心から願わずにはいられなかった。

耐久レース、F3000，F1などのビッグレースになればなるほど、総合力が重要となってくる。総合力とは、資金力、マネージャー、監督、シャシーメカニック、エンジンメカニックを含むチーム全体の力である。

私が退社した翌年、1987年6月13～14日、《第55回ル・マン24時間レース》に、ニスモからニッサン（マーチ）87E・2台が参戦する。私が耐久試験を行ったVEJ30・V型8気筒3000cc・ツインターボエンジンが搭載されていた。一台は星野一義／高橋健二／松本恵二組、もう一台に、長谷見昌弘／和田孝夫／鈴木亜久里組。他に、前年と同じVG30ET 3000ccV6エンジンを搭載した伊太利屋スポーツ・R86Vも参戦していた。

練習、予選ともにトラブルが多発し、予備エンジンまですべてのエンジンが壊れてしまう。決勝を前に使えるエンジンがなくなってしまった。送られてきた予備部品も最悪で、使える部品を組み合わせて組み立て、何とか決勝用エンジンが完成した。エンジンを6800回転以下で使用するように指示され、星野組が21位・181周、長谷見組が117周・29位で終わる。ちなみに優勝はロスマンズ・ポルシェ／3リッター水平対向6気筒・355周。マツダスピードがGTPクラスにマツダ757／13G型2000cc・3ローターで挑戦し見事7位・319周と健闘した。

翌1988年、《ル・マン24時間レース》、VEJ30エンジン（V型8気筒ターボ）を搭載した、ニッサン（マーチ）R88Cは、星野一義／和田孝夫／鈴木亜久里組が、286周＝29位、外国人3人組が344周＝14位という結果に終わった。優勝のジャガーXJR9LM（7000ccV型12気筒）394周、トヨタ88C-V（3S-GTターボ直列4気筒）の関谷正徳／星野薫／ジェフ・リース組は351周＝12位、もう一台の小河等／パオロ・バリッラ／ティフ・ニーデル組は283周＝24位という結果で終わる。

　長谷見昌弘選手の話によると、直線スピードは昼間380km/h、夜間は気温低下によってインタークーラーが冷却されパワーが上昇するため何と時速390km/hに達するそうだ。F1は走りを極めるカテゴリーに属するため、一切の無駄を省き、沢山のスポイラーのお蔭でコーナースピードが高いが空力抵抗としてはダウンフォースを大きく活用していることと、排気量もＣカーよりも小さいため最高速度はＣカーの方が遥かに高い。

高度な専門的、技術的な話

　ここでは少し専門的、技術的な話を伝えたい。
　高回転を常用するレーシングエンジンは高回転で作動する動弁系、ピストン、コンロッド、クランクシャフトにトラブルが多発する。
1．コンロッド大端部（クランクシャフトに組み付けられる部分）コンロッドメタル。
2．コンロッド大端部を締め付けているコンロッドボルト。
3．ピストン＆ピストンピン。稀にピストンリング。
4．バルブスプリング＆バルブ、ロッカーアームなど、動弁系部品。
5．クランクシャフト＆メインメタル。
6．タイミングベルト、チェーン、ギヤトレーンなどカムシャフト駆動系。

　観客は知ることができないが、すべて「エンジンブロー」という表現で発表される。他にもオイル漏れのトラブルも頻度は高い。排気管から白い煙が多量に出た場合は、ピストン関係の破損、ターボチャージャー破損、オーバーヒート、オイルシール吹き飛び、ホースの亀裂などが考えられる。

　LZ14は10000回転まで常用するエンジンだった。このようなエンジンになると、コンロッドボルト締め付け方法はトルク締め付け方法では精度に欠けてくる。一般の方は、締め付けにトルクレンチを用いて行えば万全だと捉える。しかし、「ネジ山の摩擦抵抗によって変化してしまう」という大きな欠点をもつ。
　例えば、ネジ山が痛んでいたり、ネジが底突きしていてもトルク値は出てしまう。

そこで、締め付け力（トルク）と、ボルトの伸び測定（軸力）を併用し、締め付けを管理する。一般車のヘッドボルトなどもトルク締め付けと角度締め付け法が併用されるようになったのも、そのためだ。

　締め付けトルク、5～6kgの範囲で、ボルト伸び、コンマ10mm～コンマ13mmなどと基準を決める。コンロッドボルトのネジ山には、オイルではなくモリブデンスプレーを吹きつけ、規定値で締め付け、マイクロメーターでボルトの伸び具合を測定。伸びが少なければ一度取り外し、モリブデンスプレーを吹き付け、再度、測定を繰り返し、規定値に収める。このコンロッドボルトやバルブスプリングが破損するトラブルが発生した場合、何時間使用したのか、そのデータを元にして定期交換を実施する。

　コンロッドはクランクシャフトに組み付けるため、大端部は二分割に分かれている。二分割にしないで一体式にしてしまえば安心だ。そう考えた技術屋さん（ホンダF1）が、実際に試していたと解説された専門書を読んで初めて知った。二分割にしないと組み込めないので、クランクシャフト側を組み立て式にして対処していた。難しい技術だったので、一人だけしかできなかったという。また、一時期、バルブスプリングをやめて、トーションバーでバルブ開閉を行っていた。それこそが職人の世界。

　TSレースやF3レースなどは15周から30周で行われる短距離レース。一般車と同じようにオルタネーター（発電機）を装着すると、駆動損失馬力は約3馬力と言われている。そこで、TSサニーは途中からオルタネーターを取り外していた。フォーミュラカーではスタート時、補助バッテリーを連結しエンジンを始動する。走り始めてしまえば小さなドライバッテリー1個でまかなえる。

　フォーミュラカーはヘッドライトやワイパーも装備していない。使用する電力は点火装置と燃料ポンプ、最近ではエンジンコントロールCPU＆センサー類のみで済んでしまう。

　クランクシャフトのプーリーも高回転に適応するよう小さなプーリーに交換し、ファンブレードなども取り外す。細いコグドベルトでウォーターポンプを駆動する。クーゲルフィッシャーと呼ばれる機械式燃料噴射装置の場合、燃料分配するためのディストリビューターをクランクシャフトからコグドベルトで駆動していた。他にもルーカス・メカニカルインジェクションも取り扱ったが、構造や作用は大きく異なっていてクーゲルフィッシャーよりも繊細で気むずかしかった。

　メカニカルインジェクションの基本原理はシンプル。ルーカスインジェクションは、エンジンカムシャフトで駆動されるメカニカル燃料ポンプにより燃料に高い圧

フェアレディ240ZG。間瀬サーキットで即席でペイントしたデザインがそのまま採用された。
1972年10月10日《富士マスターズ250キロレース》

力を掛ける。その高圧燃料によってシャトル（金属製で直径6mmほどの丸棒）の移動量により、高圧燃料が噴射ノズルより噴出する。このシャトル移動量は偏芯カム（半円形のような形状をしたカム）により決定される。偏芯カムをグラインダーやヤスリで削って基本噴射曲線（1気筒排気量×回転数と予想発生出力であらかじめ計算式を用いて算出し、ベンチテストを繰り返し最良の燃料セッティング・カムを作り出す）を決定する。サーキットでは更に薄いシムを入れたり抜いたりして調整したり、カム中心を決定する軸棒（偏芯）を回転させることで全体的な噴射量を変更することも可能で、最適なセッティングを捜し出すことが出来た。

　ボッシュ・クーゲルフィッシャーは、ポンプの中に円錐形をした噴射量を決定する金属製のカム（回転しない）があり、この円錐形のカム上をスロットルと連動して移動する部品があり、その上下動により金属製シャトルが押し出され、シャトルが移動した分の容積（噴射量）の燃料が噴射される。ルーカスのシャトルが燃料圧力によって移動するのに比べ、ボッシュ（クーゲルフィッシャー）はスロットルと連動して強制的に移動する構造なので信頼性が高い。

　FJ20（排気量2000cc）のアイドリング時の燃料セッティングは直径6mmのシャトルが0.43mm移動するように設定していた。単気筒排気量500ccが一回爆発に必要とする燃料は直径6mm円筒形×移動量0.43mmということになる。現場でのセッティング代は、ほとんどない。

　高回転を常に使用すると、ピストンが圧縮行程で漏れ出した圧力によって、エンジン内部圧力が高まってゆく。この圧力の影響でブローバイガスが増大し、オイルを吹き出すためオイルキャッチタンク装着が義務付けられている。ある時ピットインしてきたTSサニーのボンネットを開けてみると、エンジンルーム内は漏れたオイルでベタベタに汚れていた。高い圧力は、意外な悪さをしでかす。一般的なエンジンの場合、エンジンオイル量を見るためのレベルゲージがある。このレベルゲージが内部圧力の上昇に耐えきれず吹き飛んでいた。一度でも、こんなトラブルに出会えば、即座にスプリングを掛けて対策する。すると今度は、クランクシャフト前側にあるオイルシールが吹き飛んだりする。高圧力は、弱い所を対策すれば、次に隠れている弱い所を狙い撃ちする。レース経験者は、こんなトラブルを味わい成長してゆく。経験こそ、何物にもかえがたい宝物となる。

　これは設計的な話になるがレーシングエンジンでは、空気の分配と冷却水の分配が重要となってくる。

　「空気の分配」とは、各気筒に吸い込まれる空気量が同等に各気筒に配分されなければならない。例えば一気筒目と4気筒（4気筒エンジンの場合）とで差が生まれ

ると、最悪の場合、エンジンは破損する。同じ容量の燃料を噴射しても空気量が多ければ、その気筒は薄い混合比となってしまうためだ。

　F3エンジンの吸気ダクトにしてもフロント側に位置する1番気筒側が空気を吸い込みやすい。4番気筒側(後端)でスパーンと切り落としたような形状だと圧力は奥に作用する関係で4番気筒側に多く入ってしまう。その対策として、4番気筒側も流線型形状で、横から見ると左右対称形の形をしている。何も空力ばかりに配慮したためではない。

　VEJ30型・V型8気筒エンジンのダクトも、初期型は左右で分かれていた。ツインターボ仕様で高いブーストにすればするほど後ろ側の気筒に多量の空気が入り込み燃料が薄くなってしまった。その対策として左右ダクトを後ろ側で連結するようにパイプで結んだことで解決できた。これなども経験値が生きてくる。

　「冷却水の分配」でも空気と同じような現象が発生する。

　レース専用に設計する時に、シリンダーヘッド・燃焼室周辺を冷却する水路は外部から一気筒ずつ分配する配管で行われることが多い。この配管もエンジン前方から冷却水を流す場合、うしろ側気筒に向かって次第に細くなるように設計する。同じ内径にすると前側気筒よりうしろ側気筒側に流れる冷却流量が多くなってしまうため、均等な分配(冷却)が崩れてしまう。

　酸化クロムの粉末をオイルで溶き、セーム皮に塗りつけてクランクシャフト・ピン＆ジャーナルを磨き込む話をした。一番問題となってくるのが子メタル(コンロッド軸受部)の焼き付き損傷。最終的にコンロッドが折れてシリンダーブロックを突き破る。

　退社して独立した2年後、オイル添加剤添加によって、この酸化クロム磨きと同等以上の作用をすることを発見したため、この話を一流チューナー数名に問いかけてみた。彼らはアイデアを酷使して仕様に盛り込みライバルとの競争を勝ち抜くことに無情の喜びを感じているが、誰もが簡単に出来ることには魅力を感じないため、即座に否定されてしまった。気持ちはよく解るが、意外と革新的でない。

　クランクシャフトにタフトライド加工(浸炭処理)を行うと、内部歪があるものは曲がりが大きくなる。曲がり修正を行っても一度組み込んで使用すると元の曲がりに戻ってしまう。この他にもオイル穴を拡大してみたり考える手立てを尽くし焼き付きを防止する。メーカーのメカニックはスポンサーの関係からか、性能の良いオイルを探し出そうとはしない。

　TSサニー用オプションのオイルパンは油量拡大を狙って片側が大きく突き出た形状だった。中にはオイル片寄り防止用のバッフルプレートが組み込まれていた。

実際はメタル焼き付きが多発するが、この突き出したオイルパン形状が適切でないと気がつくまで少し時間がかかった。有名所のチューナーたちは出っ張り部分を切断して使用することによりトラブルを防いでいた。

　このようにレースにどっぷりつかったとき「高性能なオイルを試そう」とか「何か良い添加剤はないか」などとは考えない。壊れた時には自分の技術が未熟であるととらえる。今まで使用してきた同じオイルで壊れないように努力や工夫を盛り込み対策する。私も同じ考え方を当時はしていた。

　会社を作って高性能エンジンオイルや高性能添加剤を開発すればするほど、やっぱりエンジンオイル性能は最重要項目だと気づかされることになる。一般の方も腕の良いチューナーも「オイルは潤滑を担っている」と捉えている。独立して研究開発を進めて行き突き止めた結論は、次のようなものだ。

　「単純に潤滑のみ行っているのではなく、高度な潤滑により各摺動部の当たり具合が向上しブローバイガスが減少（圧縮圧力向上）する。高度な潤滑により良好な当り面が出来上がることでフリクションロス減少（負荷低減）によって燃焼効率も高まってゆくのである。一般車でもオイルが劣化してくるとメカニカルノイズの高まりだけでなくアイドリングでエンジンのバラつきや振動が発生してくる。新品オイルに交換するとピタッとアイドリングが安定するのは燃焼が良くなった証拠なのだ」。

　こんな技術的な話もレースを離れてからオイル開発をする後年になって解ってきたことだ。だから車はおもしろい。最近になって車の奥の奥がやっと解りつつある。

　VG30に添付されてきた無機モリブデン添加剤（古い時代の添加剤成分）の効力も、当時はおまじない程度にしか思っていなかった。

　レースは、エンジンだけでもカムシャフト、バルブ直径、バルブタイミング、圧縮比、点火時期、燃焼室形状など多くの要素を変更する。車両側も、タイヤ、空気圧、サスペンション、アライメント、空力など多くの要素を変更する。その他にも天候、気温、湿度、サーキットの違いなど常に条件は変化する。だから、見えない内部で活躍するエンジンオイルの性能など誰も気にする人はいない。絶えず新品に交換し、レベルチェックは怠らない。タイヤの違いはすぐにタイムに表れてきて誰の目にも解るので、ドライバーもメカニックも、すぐに反応する。レーシングメカニックはブランド名や○○博士、一級整備士などには何の反応も示さない。「それを使ったら、タイムは何秒速くなるの？　壊れなくなるの？」が、最大の関心ごと。

　トップクラスのメカニックの思考は意外と保守的だったりする。ただ、言えることは、化学製品は先進的思考で取り組まないと良いアイデアも優れた製品も生まれ

てこない。

　空力も初心者と経験者で大きく差が開く分野だ。

　例えば「エンジン水温が高い、冷却したい」となった場合、貴方ならどんな対策を盛り込むか。

　経験が少ない人はラジエターコアサポート（ラジエターが取りつくパネル）と呼ばれる部分に穴を開けて空気をエンジンルーム内に入りやすいように加工する。実は、これは大きな間違い。水温を効率よく冷却する役目をしている部品はラジエターである。

　ラジエター周辺には、ボンネットの隙間や、下側の隙間など大きな風の通り道が沢山ある。前方から入った空気がこれらの逃げ道からラジエターを通過しないで逃げてしまう。周囲に穴を開ければ、ラジエターを通過しないでよけいに逃げやすくなってしまう。正解は反対の方法で、周囲の逃げ道をアルミ板などでふさぎ、逃げ道をなくして効率良くラジエターを通過するような改造を施すことだ。

　純正ラジエターにはコアから放熱するためのギザギザ模様が設けられているが、高速度になればなるほど風が通りにくくなり、冷却効率が逆に落ちてくる。この目が粗い方がよく冷える。空気も速度に比例して水と同じように抵抗が増してゆくからである。

　フォーミュラカーやＣカーなどになると、左右サイドにラジエターやオイルクーラーを設置する。レーシングメカニックは「風が入る入口より、出口側を重要視する」。出口側に阻害する要因があれば通過する空気量は低下してしまうからである。高さ1〜2cmほどのリップを出口側上部にガムテープで留めるだけで排出される空気量が増大し、冷却効率は高まる。

　レーシングエンジンに高級材質である「チタン合金」が使用されることも多い。一般の人にはあまりなじみがない金属で、優れた特性を持っているのだが、設計上、考慮しなければならないことが沢山出てくる。

　最初にチタンバルブを組み込んでベンチテストを開始した。しばらく馴らし運転を行う。それほど運転しないうちにバラバラと不安定になりエンジンは突然停止してしまった。圧縮圧力を測定してみると大幅に圧縮圧力が低下している。すぐに降ろしてOHを実施した。「ウワ〜！　バルブが段付き摩耗している」。バルブシート材質が固すぎたことが原因で発生したトラブル。この例が示すように相手材質の相性に敏感だ。

　「チタンは強い」「チタンは硬い」という表現だけでは、チタン材質も含め金属材料の特性は表現しきれない。

確かにリューターでチタンコンロッドを削ったり磨いたりすると「硬い」と感じる。簡単には削れない。「チタンはねばり強い」と表現した方が合っている。更に、バルブステム頭部、バルブリフターまたはロッカーアームが当たる部分の保護も必要となる。他の材質のキャップを被せる対策を必要とする。

この例が示すように、チタンは人間にも相性があるように、相手の材質との相性が難しい材質なのだ。チタンに直接チタンが触れる設計は避けなければならない。

また、チタンコンロッドにチタンコンロッド＆チタン製ナットで組み込む際も、同様なノウハウを必要とする。そのまま組み込んだら、次に分解しようとすると、ナットとコンロッドが溶接したように合体気味（焼き付き）になってしまうのだ。この問題を解決するのは簡単で、ナットを嵌める前に、違う金属製材質のワッシャを間に挟みこむことで解決できる。

また、コンロッド大端部側面がクランクシャフトと接触する部分も同様の対策が必要となってくる。

パドック裏話・あんな話こんな話

華やかなレース表舞台の裏側で、一般観戦者が知ることが出来ない様々なドラマが起きている。そんなパドック裏話を最後にご紹介しよう。

1991年7月、《富士500マイルレース》、伊太利屋ニッサンR91VP／和田孝夫選手が7周目のストレート後半で、突然リア左タイヤがバーストし、空中に舞い上がり、車は数回転し、裏向きに停止、回転中に火災が発生し火傷したが、何とか無事に車外に逃れた。すると、レース半ばに差し掛かった頃、4位走行中のYHPニッサンR91CP／長谷見昌弘選手の車が今度はフロント左タイヤのバーストにより、同じように舞い上がり数回転して着地した。幸いにも裏向きにならず、火災も発生しなかったので、こちらも無事に車外に逃れることができた。ちなみに、和田選手のタイヤメーカーと、長谷見選手のタイヤメーカーは異なる。

表向きには「タイヤバースト」と見た目で判断できるし、実況放送でも語られる。なぜ、こんなことが起きるのか？　そこにはレースタイヤならではの、特殊な構造が原因だった。

大型トラックの、タイヤが摩耗した場合、再生タイヤに復元される。それと同じ構造で、一枚のゴム板を全周にクルッと巻き付けて接着している。巻き付けると、必ず合わせ目が一ヵ所出来る。その合わせ目から突然剥がれる。剥がれたゴムがムチのように振り回されてカウル等を叩き壊す。本当は、一般認識の「タイヤバース

ト」とは異なり「表面剥離」現象と呼ぶべきトラブルなのだ。

　ストレートの後半、1コーナーに近づく手前付近で最高速度に到達する。怖いのは物理的に最高速度付近で発生することだ。両車ともに、左側タイヤなのは、右周回を重ねたため、左側に多く負荷が掛るためと推定できる。その速度を長谷見選手に尋ねると「330km/hで何の前ぶれもなく突然訪れる」と、平然と語る。

　「カウルだけでなく、サスペンションなども破壊される、ドライバーは何もできない。体重が掛るから、シートベルトを外そうとしても、なかなか外れないのだ」。(怖～い！) 一般人なら命に係わるロシアンルーレットばりの、こんな経験を味わったら二度と同じ車に乗ることは難しくなる。カウルが破壊されるとダウンフォースが片側だけ一気に失われるため、通常のスピンと異なり、一瞬で舞い上がったり、回転したりしてしまうことにつながる。レーシングドライバーは、本当に凄すぎる。私の中では長谷見選手も天才ドライバーの一人。長年レースに参戦してきているが、自ら大きな事故につながるクラッシュを経験していない。タイヤバーストなどは神のみぞ知る出来事だ。一般の人にとって高速度で車を走らせるのは緊張もするし、とても怖いと感じることも多い。レーシングドライバーにとっては高速で車をコントロールする所が快感だったりする。長谷見選手は「4輪駆動はつまらない、やっぱり後輪駆動で"ググッ"と、後ろがスライドするのが楽しい」となる。

　そんなレーシングドライバーでも、意外な物を怖がったりする。ある選手の怖い物は「レーシングカーの中にクモが居たら、怖くて乗れない」「エエ～ッ！」。田舎育ちの私は、子供の頃は蛇を捕まえて遊んでいたので、クモなど何ともない。あるスピードまでは快感を感じるが、自分の限界を超えたハイスピード領域になると恐怖心は高まる。

　1983年、全日本耐久選手権、ノバエンジニアリングが、ル・マン仕様のトラスト・ポルシェ956を《富士1000キロ》に初参戦してきた。その信頼性の高さから無敵の強さを誇った。翌1984年以降、世界耐久選手権（WEC）に参戦し耐久レースを盛り上げた。連続的で心臓に突き刺さってくる、今まで聞いたこともない官能的エキゾーストノート。とても言葉では言い表すことができない。燃料が完全燃焼し、最高の調子を発揮している証として魂に響いてきた。排気管も黒色ではなく薄い灰色に見えるのは好調子の証だった。

　だから、サーキットで初めて956の走りを見た瞬間に、私はポルシェ956に恋してしまった。虜になるエキゾーストサウンド、非の打ちどころない美しい設計、細部まで神経の行き届いた仕上がり、疾走する姿の美しさ、どれを取っても「素晴らしい」としかいえない。感動、憧れ、尊敬、あらゆる言葉で表現しても表現しきれ

ない。

　使用されている、どのボルトも適切な長さでナットの頭から1〜2mmしか飛び出していない。ターボやウエストゲート取り付け部にしても綺麗な溶接、弱い所に適切な補強材、どこを見ても（素晴らしい！）という言葉しか見つからない。（私もメカニックとして、こんな仕事をしてみたかった）と、心から思った。

　素晴らしいのは、ゆるぎない信頼性の高さであった。驚くなかれ、レーシングカーなのに「マシンには6ヵ月間の保証がついていた」。「エンジンには6000kmまでオーバーホール不要の保証書がついていた」。

　私がVEJ30の耐久試験などで経験した耐久性を高めるための難しさから考えても驚異的な話であり、にわかには信じられない。裏を返せば（エンジン内部のノウハウを公開したくない）という姿勢も垣間見えてくる。（技術的に劣る所でOHを行えば信頼性の確保ができない）更に驚くことはOH費用が格安で済んだこと。「OHは一般車と同じ工場で行われていた」。凄いことだが歴史の違いを理解できれば当然かもしれない。

　日本の大正時代、フランスでは1906年に《第1回ACFグランプリ》開催。イギリスでも1907年に世界初のサーキット「ブルックランズ」が誕生。1923年（日本は大正12年関東大震災の年に当たる）《ル・マン24時間レース》が開催されているのだから。この差は一部自動車レースや社会環境の意識の違いなど、いまだに大きな開きを感じてしまう。

　後年になって、レーシングポルシェ・エンジンの秘密を知ることになる。一番知りたかった点は、メインメタルとコンロッドメタルへのオイル潤滑であった。一般車ではめったに発生しないが、耐久レースでは重要となってくる最大のポイント。一般車のエンジンも、私が手掛けたエンジンも、クランクシャフトの内部通路からコンロッドメタルに潤滑し、潤滑の終わったオイルはオイルパン内に落下する、一系統の潤滑方式。ポルシェは、結論から書けば二系統に分かれていた。一系統はメインメタルを専用に潤滑。一系統はコンロッド通路を通ることは同じだがメインメタルには一切潤滑しない。クランクシャフト後端より流入したオイルはコンロッドメタルの潤滑を行い、オイルパン内に落下する。全部が落下するのではなく、余ったオイルは、クランクシャフト先端部からオイルタンク（ドライサンプ）に戻る循環方式である。（すべてが計算しつくされ長年のノウハウが凝縮されていた…素晴らしい、のひとこと）

　ニッサン・レーシング・スクールにおいて、自動車雑誌などの記事を書いている自動車レポーターたちを対象としたスクールが開催されることがある。この場合は、

同乗走行の他に、レポーター自身がスクールカーを実際に運転できるメニューが組み込まれることがある。

　このスクールが開催されると、私たち、大森メカニックは大忙しとなる。コース上で突然停まってしまったスクールカーがレッカー車で運ばれてくると（また、フライホイール取り付けボルトが切断されたな）と、察しがつく。急いで、ミッションを取り外す。推定どおり、フライホイールを締め付けていた6本のボルトは、切り口も鮮やかに全部が「スパ〜ン！」と切断されている。一瞬で切断されたお蔭で、残ったボルトは手で簡単に回せて取り出すことが出来る。手馴れた作業なので20分ほどで修復が完了し、再びコースに復帰してゆく。ひどい時には、その後の走行で、再び戻ってくることになる。

　なぜ、レーシングドライバーでは発生しないトラブルが頻発するのか？　その原因は簡単で「減速が甘い…ブレーキが弱い…」。ストレートを高速で走行してきたら、1コーナー手前で強い力でブレーキをしっかり踏み込み、減速してからシフトダウンしなければならない。車の記事を書く自動車のプロたちだから、知識としてはよく解っている。実際は、ブレーキが弱く（甘く）なってしまい減速が充分行われないまま、下のギヤに入れクラッチを繋いでしまう。エンジン側回転数と駆動側回転数に、大きな速度差が発生するため、全部のボルトが一瞬で切断されてしまうことにつながる。レーシングドライバーは「こんなに」と驚くほど、時には息を止め、ガッチリと踏み込んで減速している。

　レーシングメカニックは黒子のようだと前に書いた。レーシングカーを専門に扱うレーシングショップもたくさんあるが、レース関係者のみが知っているだけで、表舞台にはほとんど出てこない。それらの会社を作った代表者は、本場のレースを学ぶために海外（ヨーロッパ）に渡り、学んできた人たちが多い。

　私が大森ワークス在籍時に、関わったショップを紹介すると（順不動）、株式会社セルモ、株式会社チームルマン、東名自動車（現東名パワード・代表は鈴木誠一選手の実弟・鈴木修二氏）、スクーデリアニッサン、株式会社スリーテック（旧名・日仏自動車）、東名スポーツ、東川エンジニアリング、その他。何らかの交流があったショップ。土屋エンジニアリング（土屋春雄氏）、鳥居レーシング、株式会社メッカ（筑波サーキット前）、その他。

　ここまで読んできて感じたこと。それは、城北ライダースが日本のレースやチューニングの発展に多大なる影響を与えてきたという事実。日産大森ワークス（現在・ニスモ）、東名自動車（現在・東名パワード）、土屋エンジニアリング（ADVAN）などの大活躍を目の辺りにした方も多いことだろう。

1974～76年にかけて、富士GC（グランチャンピオンレース）で、堂々の13連勝を成し遂げた高原敬武選手「高原レーシング」のチーフメカニックは、大森ワークス発足時に在籍していた小倉明彦氏その人であった。
　F1はレースの中でも頂点の存在であり、何もかも異次元の世界。エンジン回転数ひとつを取り上げてみても年々最高回転数は上昇してゆき10000～18000回転を常用する。この回転数も年ごとに高まってきている。日産時代、LZ14型エンジンで、初めて10000回転以上のエンジンを体験したが、過大なストレスで各種トラブルに遭遇した。上限回転数が1000回転上昇するだけでストレスは何倍にも増大してゆき、トラブル発生につながる。問題点の原因を突き止め、改善対策を取らなければ再び同じトラブルに見舞われる。
　F1カー・テクノロジーはすべてシークレット扱いで、関係者以外、知ることは不可能に近い。私がアタックレーシングを設立後、エンジンオイルを独自開発するようになると、18000回転で使用するエンジンオイルは、はたしてどんなものが使われているのか興味がつのるばかりであった。
　そこで、今まで長年つちかってきた数々の人脈を活用し、念願のF1専用エンジンオイルを少量、手に入れることに成功した。初対面の感想は、透明容器に入れゆすってみて「柔らかい粘度だ。見た目は30番程度の感じ」という印象。二つ目は、（オイル色というより、少し使いこんだ古いオイルと同じような茶色よりも黒い色に見える）（色から推察すると、特別な添加剤が含まれている）のではないかと、私は想像した。
　当然のごとく、赤外分析装置など専門業者に成分分析を依頼した。答えは「変わったオイルですね…」と、いう予想どおりの答えが返ってきた。
　一般の人は、化学的に高価な測定器具を酷使して分析すれば100％、その品物の成分が明らかになると思い込んでいる。ケミカルに関しては、そんなに簡単なものではない。
　そこで私の取った行動は「普通の市街地を走る一般車に使ってみて何か違いが出るのかな」だった。F1のエンジンオイルなら、性能は折り紙つきである。ただし、実践派の技術屋としては、レーシングカーとファミリーカーの使い方は大きく異なるため、どうなるのか実際に試してみて、その結果を知りたかった。
　退社してから、オイルの重要性に改めて気づき、私の持ち味である革新的思考回路と、ここまで書いてきたような経験の上に立ち、1リッター1万円以上もする超高性能オイルを開発・販売して20数年、多くの愛用者が生れている。世間では「良いオイルほど、添加剤は少ない」という神話もあるが、これが大きな誤解であるこ

とを私は理解していたので実際に確かめたかった。

　私よりも実験の適任者がいた。私の会社で新製品開発の評価試験を担当する社員がいる。音感と同様に生まれ持っている鋭い感覚で少しの変化を感じ取ることができる。その社員の愛車トヨタ・ヴィッツ(NCP91型)で評価試験を行うことに決定。第一印象は「メカノイズは煩くないけどフィーリングが良くない。アタックレーシングのオイルと比べ、逆に潤滑力が落ちたような感じがする」(予想通りの結果であった…)(やっぱりな)と、心の中で、ほくそえんだ。自主開発した自社オイルの性能には自信があった。

　2～3日間、使用した結果は「社長、うちのオイルの方が格段にいい。もう我慢できません、交換してもいいですか？」と訴えかけてきた。元々、入社してくる社員は全員が当社製品に惚れ込んで入社してきた社員ばかりである。「どんな感じなの？」「40番ぐらいの固い粘度のオイルを使っているような感じですね」「もう交換していいよ」(X1作用の表面改質作用（メタルリペア）が残っているので剥がれるまでの期間は多少なりとも効果を感じてしまっても不思議ではないが、街乗りにはまったく適していないことが確認できた)こうして価値ある実験は短期間で終了した。

　なぜこのような結果に終わったのか、その理由とは、どちらのオイルも高性能だとしても、使用する目的に合わせ、各種成分を吟味して調合しなければならないからである。一般オイルは長期間使用される関係で清浄分散剤などを添加するが、潤滑を最優先するレース専用オイルでは添加されない。簡単に言えば使用目的（一般道路かサーキット走行か）に合わせてオイル開発も行われるからだ。ただし、画期的な製造方法や高性能な新成分などが開発されると、それまでの常識は覆されるが。

　テスト開始する前に、このあたりのことは理屈としては理解していたが、技術屋としては何事も実際に試して結果を検証してゆかないと机上の架空理論で終わってしまう。実践派の私として譲れない点だ。

　ネット時代は各種情報が溢れているが実際に試して得られた結果ではないことが、さも真実のように拡散している。その中には「オイルには最初から添加剤が入っているので後から添加するオイル添加剤はバランスを崩してしまう」という神話がある。「なるほど」と、妙に納得してしまう話である。しかし、私の長期実験・研究結果では答えは異なる。その理由は色々ある。

1. 添加剤と一口に言っても洗浄分散剤、粘度指数向上剤、防錆剤、消泡剤など各種成分が混合されている。問題は油膜が切れたとき焼き付かないように働く成分（X1もこれに当たる）が重要となってくる。ここを補強することで効果が

高まる。また、最近の低粘度オイルのメカノイズ低減にはネバネバ成分の水飴のような粘度指数向上剤を多く含んだ添加剤も有効に働く。少し粘度は高まり油膜が補強されるためだ。最初から少し硬めのオイルに交換するのがベストだが低粘度オイル全盛の時代と知識不足だから仕方ない。
2．オイルに使用可能な添加剤成分は数千種類と多い。価格もピンキリだから、どんなに優れた性能を保有していても販売価格からおのずと製品原価は決まってしまうため妥協点が出てくる。

レーシングメカニックになるためには

　レーシングメカニックは特殊な仕事に分類できる職業。ある意味では（歌手になるにはどうしたらよいのか）（俳優になるためにはどうしたらよいのか）と聞かれているようなものだ。
　歌手とか俳優になるには誰でもなれるものではなく産まれつきの才能と本人の努力や巡ってきたチャンスを掴むことなどが重要となってくるだろう。レーシングメカニックにも幾つか要求されるものがある。
　1．健康な身体。
　2．機敏で正確な動作や判断ができること。
　3．車が好き、メカニズムが好き、レースが好きなこと。
　4．研究心、探究心が旺盛なこと
　5．給与や待遇などは重きを置かない考え方。
　歌手や俳優に憧れ、その目標に向かって突き進む人は、歌手なら（歌が飯よりも好き）となるだろうし、俳優なら（演技が大好き）となるだろう。それと同じように（レースが大好き、メカニズムが大好き）という気持ちが無ければ、すぐに辞めたくなること間違いなし。
　私の実体験を書いてきたように、会社組織であれば（自分の願いどおりの仕事はなかなか回ってこない）。これが普通で、運良く巡り回ってきたとしても、様々な制約の中で働くことになる。
　レーシングチームは、大きく分けると
　1．ワークスチーム＝自動車メーカー、または間接的にメーカー系の子会社。
　2．レース専門レーシング会社＝エンジン専門、シャシー専門、両方とも行う会社。
　3．アマチュアチーム＝主に修理工場やレース好きが自分でマシン製作やメンテナンスを行いレースに参加。

どんなレースに関わったとしても、自分の努力がすぐに結果として表れる。同じレース観戦でも少しでも自分がその車両に関わっていれば、まったく違う感情や思い入れが自然と湧いてくるので、心からレースを楽しめる。一度その魅力にはまると、なかなか抜け出せない。

　プロのレーシングメカニックは、一にも二にも、よく働く。その時に（残業代は？）（夜勤手当は？）などと少しでも金銭的見返りを期待するようであれば適していない。また表彰台に登り観客やマスコミのインタビューに答えるドライバーの裏側で、車、予備部品、工具などを車に積み込む後片づけに追われているのがメカニックの仕事であり、金銭的見返りなど、ほとんどゼロである。公式記録にドライバー、車種名など記録として後世に残るが、メカニックの名前などどこにも残らない。このように富と名声など何もいらない、残るのは自分自身に対する満足感や達成感であり、情熱を持って取り組んだ充実感など生きざまになってゆく。

　最後に言えることは、（毎日が惰性で生きているようでつまらない）（生きる希望が湧いてこない）そんな中途半端な気持ちであれば非日常的ともいえるレースの世界に足を踏み入れるのも、あながち悪いとは限らない。よほどの覚悟が無い限り、長くは続けられないだろうけど、戦いの場に身を投じた経験は、その後の人生にとっておおいに役立つに違いあるまい。私がそうであったように……。

耐久レースでは、メカニックも腕の見せどころ。1970年4月11日《レース・ド・ニッポン6時間》

42歳独立・会社設立・新たなる旅立ち

　1988年（昭和63年）1月、42歳の私は会社登記の書籍を2冊買い込んで勉強し、司法書士に依頼せず自分で「有限会社アタックレーシング」を設立する。小さな会社ながら代表取締役となり、新たな旅立ちが始まる。大会社において一介の平社員として数々の苦渋を味わってきたため、自分の能力を最大限に発揮するためには社長業が適任と判断した。

　誰でも、40歳頃になると「心の定年」とも呼ばれる時期にさしかかる。会社での自分の将来像が見えてくる年齢である。このまま定年まで会社勤めを続けるべきか、思い切って脱サラに踏み切るか葛藤が押し寄せる年代を迎える。（このまま平社員のまま終わりそう…）（やりがいのない仕事に配転させられるかも…）私の中で、これまで書いてきたように様々な葛藤が最高潮に達した年齢での最終選択であった。

　ある程度、高額な給与で恵まれていたとしても（お金では替えられない生きがいのある生活をしたい）と、多くのサラリーマンの胸中が変化してゆく時期でもあろう。

　鈴木誠一選手が東名自動車を創設したように、私も社長として自分の経験と革新的考え方で、それまで無かった世界を構築しようと、熱い情熱に燃えて一歩を踏み出した。

　「やっていけなかったらどうしよう」。そんな弱気な気持ちは1％も浮かばなかった。ただ前進あるのみ。

　開業資金はゼロに近かった。これから家族5人を養ってゆかなければならない。「田舎で資金がなくて何が出来るのか」。そこは自由な発想を生かし、考えた末に辿り着いた結論は…。全国をターゲットに出来る日本初の「チューニング＆メカニック通信講座」を開設しよう。目標は1000名に設定、約4年で目標を達成したため終了する。

　1990年3月25日、VHSカラー・50分・テクニカルビデオ第一作「NISSAN-DATSUN・OH」ビデオを新発売。同じ年に、オイル添加剤・スーパーアタックX1（エックスワン＝現在はエストレモX1と名称変更）を新発売する。レースのメカニックを長年経験してきた自分が、まさかオイル添加剤を発売するなんて夢にも思っていなかった。壊れたら、オイルの良し悪しではなく、自分の組み込む技術が劣っていたと判断。ＴＳレースの頃はシェル・X100・40番・シングルグレードが定番で、他のオイルは使用していなかった。だからオイル添加剤を添加しただけで、走りが変わるとは夢にも思っていなかったが、どこかで常識などいつでも覆されるもので

ある。1991年1月1日・テクニカルビデオ2作目は日本人のカメラマンに依頼し「バルブタイミング」VHSカラー60分を製作販売。1991年11月に、3作目の「4AG／プライベートチューニング」VHSカラー70分を製作発売。驚いたことに私の真似をして、まったく同じような「L型」「4AG」ビデオを有名カー雑誌社に関連した会社が発売してきた。内容を見比べれば別物であるが、購入して中身を見比べないとビデオの内容までは解らない。お互いに、異なるエンジンを製作・販売したらチューニング・テクニカル・ビデオ分野（現在ではDVD）という、ひとつのカテゴリーが築き上げられたのに残念な出来事だった。

1992年になると、スーパーアタックX1（エックスワン）を最初から配合した鉱物油・スーパーアタック10（テン）オイルを新発売、高性能オイル開発・販売に私の培ってきたノウハウを注ぎ込んでゆく。普通のオイルでは満足できない。走りが変わるオイルがようやく開発できた。その後はオイルの種類も次第に増えてゆく。ミッション、デフオイルもラインナップに加わる。世界的にも革新的なオイルが8年後の2000年に完成する。

「どこが革新的なのか」。ひとつのオイルの中に5段階の性能を有するオイルである。10段階も可能である。「添加剤の添加率を変えたの？」「添加剤は最適な添加率が存在する関係から、変えたとしても2段階、どんなに頑張っても3段階ゆけるかどうか。もっと複雑な方法で性能をコントロールできる方法を開発しました」。

もちろん、それまではオイルの知識は人並みであり、専門的な知識など持ち合わせていなかった。ある意味では、そのことがこの革新的技術の発見に繋がった。これまでの私の履歴を読み進んできて解るように、そこが得意分野であり、最高責任者の地位を得て、存分に能力を発揮できる環境が整った。

同時に、トヨタ4AGリビルトヘッドの販売にも手を伸ばす。A仕様が8万円で、古いヘッドをOH，バルブシートカット、摺合せ、ポート段付き修正、タペット調整を実施済。古いヘッドと交換で引き渡す。リビルト済ヘッドを搭載し、タペット隙間を確認・微調整するだけでファインチューニングが完了。

次に、トヨタAE86・リビルトミッションも手掛け、コンピューターチューンと新しい分野に挑戦してゆく。4AGとAE86ミッション（6万円）のOHを通して、日産とトヨタの設計の違い（車の作り方）が手に取るように解ってきた。斉藤自動車整備工場時代もハイエースなどトヨタ車の整備を行ったが、主に車検が多く、エンジンOHやミッションOHなどの大作業は経験できなかった。

巷では、コンピューターがブラックボックスと呼ばれるが、メーカーに所属していたため、早くからコンピューターチューンは経験していた。十六進法で読み取っ

たデータの意味と、どのデータがどんな役割をしているかさえ解明できていれば、ブラックボックスではなくなる。本当のブラックボックスとは、数値で測れないエンジンオイルやギヤオイル、添加剤成分である。

　高性能添加剤やエンジンオイル、ギヤオイルを開発してゆくと、困った現象に遭遇した。エンジン、ミッション、デファレンシャル各部の摩擦が低減すればするほど、アクセルを離した際に速度低下しないのだ。専門用語で「エンジンブレーキの効きが弱くなる」今まで摩擦力によりスポイルされていた加速性能やレスポンスはアップし、燃費向上にも効いてくるが、ブレーキの効きを強化する対策の必要性が出てきた。「止まりにくい、これは危険だ」。ある意味、性能の高さの証明なのだが、改めてエンジン、ミッション、デファレンシャルはかなりの摩擦抵抗によって性能がスポイルされていることが浮き彫りとなってきた。そこで必要に迫られ開発したのが、何と、ブレーキローターにペースト状の液剤を筆で塗りつけるクイックブレーキ・ドラッグワン（略称D1）である。試作品が完成し、車検場に出向き、問題が無いか確認を取る。検査員が事務所の奥に消え、しばらく待たされたのち「販売されても何も問題ありません」と、嬉しい回答が返ってきた。

　摩擦熱に液剤が反応し摩擦係数を引き上げる。これも常識を超えているため、今でもなかなか理解されにくい。その後も、オイル性能を向上させるほど、ブレーキ強化の必要性は高まってゆく。

　難問を突きつけられればするほど追いつめられた末にビックリする製品が生まれる。こうしてブレーキフルードに添加するだけでガッチリと効く、ブレーキ強化薬・ドラッグツー（略称D2）を開発しリリースする。

　商売的には一年先をゆく商品は受けいれられるが、あまり先取りした商品は市場に受け入れられないという定説がある。私のアイデアは独創的であり、10年先取りしている物が多いので、どうしても（ほんとかな）と、懐疑的に見られてしまう傾向が強い。

　2010年（平成22年）9月、MVS（マシン・バイタル・システム）という摩訶不思議なアイテムを新発売する。これも理論や作用するメカニズムは数十年先をゆく商品。いずれ物理的原理を解明された学者がノーベル賞を受賞するかもしれない。アインシュタインが百年前に予言した「重力波」の直接的な証拠が2016年2月に直接的な証拠が世界で初めて確認された。時空構造内を伝播する波動、重力波の発見である。波動理論なども一部の方から「オカルト」呼ばわりされて現在に至る。まだまだ人間の解明できていないことは山ほどある。

　レースメカニックは、イコールコンディションにしたくない。競争相手より、コ

ンマ1秒先にチェッカーを受けるべく、隠しテクニックで勝負する。そんな習性が私の体に染みついているので開発できる。

「どうして効くのですか」「ここに付けたら何がどのように変わりますか」と尋ねる方が多い。私の答えはいつも簡単だ。「難しく考えないで実際に試してみれば、すぐに解ることだよ」。

レースやチューニングの基本は「トライ＆エラー」の繰り返しにより向上を図る。

現代人はネットを含めて情報や思考で物事を捉えようとする。私の子供時代はナイフ1本で遊び道具を自作し、釘が1本あれば遊びを考案した。F1使用オイルを実際に市販車に入れてテストしたように、まずは実際に試すことから始めよう。実践に勝るテスト方法はない。デジタル時代の現代人は、ともすると数字や理論で判断しようとするが、その結果を人が最終的に判断するのは感覚として感じるフィーリング。料理の味と同じように五感で感じることが重要となってくる。

長年の経験で得た教訓は、「先に頭で考えた理論は、実際にやってみると、ことごとく外れる」という結論に至る。レッツ！　トライ！

あとがき

　大森ワークスに在籍した人々の、ほとんどは退職し、亡くなった方も多くなってきている。私は発足当時から在籍し、ニスモに変わって数年間在籍した関係で、多くのレースや出来事に深く関わってきた。その大森ワークスも今は無くなり、ビルも取り壊された。2016年2月27日に大森ワークスOB会が催され、関係者48名が顔を揃えた。

　まだ関係者が存命中に、歴史の一ページとして当時の出来事を出来る限り正確に後世のレース好き車好きの皆様に伝えたいという思いが強くなってきた。幸いなことに、当時、私の上司であった蒲谷英隆氏の助けを借りることで私の記憶のあいまいな点をカバーすることができた。記録は残っても記憶は薄れてゆくものであり、ギリギリセーフというタイミングであった。

　レースなどの正確な年月日は、記憶を頼りに「JAFレース結果」を子細に調査し記憶と突き合わせることにより実現できた。

　一番苦労した点は、日産内部の状況は分かるわけだが、競争相手のメーカーやチームに関しては、すべてがシークレットであり、なかなか調査することはできないため、多少の思い違いなどの間違いがあるかもしれないことをお断りしておく。

　この本の執筆で心掛けた点は、レースという結果がすべての世界で、表彰台を見ていても分からない裏舞台（パドック）で、どんなドラマが生れていたのか…だ。

　何でもよいから、チャレンジしない人生よりも、チャレンジした人生の方が、より豊かで実り多く楽しく過ごせる。私は、幾つになっても、夢を抱いた10代の少年の頃の自分に戻ることが出来る。だから仕事以外も多趣味が趣味である。人と人との出会いも人一倍大切にする。趣味や知り合った人が何かと自分を助けてくれる。

　ここまで読んで頂いた方なら解るように、人は誰でも数奇な運命に操られ、見えない糸が交差している。壁にぶち当たったら、そこから一度離れて遠くから眺めてみよう。私自身も「戦いの場に身を置いていた頃は、見えているようで見えていなかったな」と、離れてからいつも感じている。

　「もっと勉強しておけばよかった」といつも感じる。生涯が勉強だからと気持ちを切り替えて生きてきた。人の人生は「卒業」から始まるのではなく、生涯、卒業はないととらえたい。一日一歩で前に進んでゆきたい…と願う。

　大企業でも中小企業でも、最終的には人となる。目標に向かい、誰もが自由に提案し、組織として生かせるかどうかが問われている。色々な会社で働いてきて見えてきたことは、「大会社でも小さな会社でも、いかに機能し結果が出せる生きがいの

ある組織（チームとして）を作れるか」が命運を決する。歴史を振り返ることで「人と人の繋がり」「チャンスは自ら行動を起こして作り出すこと」「組織の在り方」「人生の生き方」など、戦いの場を通した奥深い点を読み取り、自分のこれからの人生に少しでも生かせて頂けたならば、無上の喜びである。

　ノンフィクションのため在籍した会社の良い所も悪い所も、「ありのままに」公開した。企業秘密も含め、40数年が経過した今だから執筆できた。お世話になった多くの方々、出版社の皆様方に、この場を借りて厚くお礼申し上げます。

■取材協力者（順不同）
　野中　　和朗氏
　蒲谷　　英隆氏
　鈴木　　修二氏
　高橋　　国光氏
　長谷見昌弘氏
　星野　　一義氏
　和田　　孝夫氏
　神岡　　政夫氏
　岡　　　　寛氏
　上野　　吾朗氏
　神谷　　章平氏

　古い時代の写真は、ほとんど残っていないため記憶を頼りにイラストで再現いたしました。本文と合わせてごらん頂ければ当時の状況が眼に浮かんでくることと思います。

日産大森ワークス50周年OB会

(総勢51名・関連業者含)

本文中に登場する方々(敬称略)

1:神谷 章平	2:中村 誠二	3:久保 靖夫	4:蒲谷 英隆	5:篠原 孝道
6:鈴木 修二	7:長谷見昌弘	8:津々見友彦	9:宮古 君江	10:花里 洋子
11:今井 修	12:浅見 孝子	13:浅野 信子	14:井上 元也	15:伴野 明
16:西尾 仁志	17:大久保 明	18:山本 隆敏	19:宇留野信也	20:小倉 明彦
21:星野 一義	22:藤澤 公男	23:宇都宮尚昌	24:上野 吾朗	

日産大森ワークス車両の1967〜73年全戦績およひ筆者が関わった車両の主要戦績

開催日	レース	クラス	No.	ドライバー	車名	型式	エンジン	予選	決勝順位
【1967】									
1月15日	全日本自動車クラブ対抗レース（船橋1.8km）								
	S	II	1	長谷見昌弘	フェアレディ	SP311	R	1位	優勝
		II	2	鈴木 誠一	フェアレディ	SP311	R	2位	2位
		II	3	横山精一郎	フェアレディ	SP311	R	9位	14位（クラス7位）
	TS	I	5	黒沢 元治	ブルーバードSS	P411	J	7位	4位（クラス優勝）
	T-I	B	5	萩原 壮亮	ブルーバードSS	P411	J	13位	リタイア
		B	6	都平 健二	ブルーバードSS	P411	J	10位	2位
4月2日	第7回クラブマンレース（船橋2.4km）								
	S	II	17	黒沢 元治	フェアレディ2000	SR311	U20	1位	優勝
	T-II		12	長谷見昌弘	ブルーバードSSS	R411	R	2位	3位
4月23日	富士チャンピオンレース前期第4戦（富士6km）								
	チャンピオン	C	24	黒沢 元治	フェアレディ2000	SR311	U20	1位	3位
		C	25	長谷見昌弘	フェアレディ2000	SR311	U20	4位	2位
		C	26	粕谷 勇	フェアレディ2000	SR311	U20	3位	優勝
5月3日	第4回日本グランプリレース（富士6km）								
	GT	II	47	長谷見昌弘	フェアレディ2000	SR311	U20	1位	2位
		II	48	粕谷 勇	フェアレディ2000	SR311	U20	2位	3位
		II	49	黒沢 元治	フェアレディ2000	SR311	U20	3位	優勝
	T	II	36	横山精一郎	ブルーバードSS	P411	J	33位	24位（クラス3位）
		II	37	服部 金蔵	ブルーバードSS	P411	J	32位	リタイア
5月28日	全日本スポーツカーレース（船橋1.8km）								
	全日本S	II	83	黒沢 元治	フェアレディ2000	SR311	U20	6位	3位
		II	84	鈴木 誠一	フェアレディ2000	SR311	U20	9位	14位（クラス10位）
	全日本T	II	81	長谷見昌弘	ブルーバードSSS	R411	R	5位	リタイア
		II	82	都平 健二	ブルーバードSSS	R411	R	4位	3位
7月23日	鈴鹿12時間レース（鈴鹿6km）								
	12時間	SII	12	黒沢元治/都平健二	フェアレディ2000	SR311	U20	2位	リタイア
		SII	14	鈴木誠一/長谷見昌弘	フェアレディ2000	SR311	U20	4位	リタイア
8月6日	第8回クラブマンレース（富士4.3km）								
	全日本S	B	26	黒鹿 元治	フェアレディ2000	SR311	U20	2位	2位
8月20日	全日本スポーツカーレース（富士4.3km）								
	全日本S	II	83	黒沢 元治	フェアレディ2000	SR311	U20	6位	3位（クラス2位）
		II	84	鈴木 誠一	フェアレディ2000	SR311	U20	5位	4位（クラス3位）
	全日本T	II	81	長谷見昌弘	ブルーバードSSS	R411	R	7位	リタイア
		II	82	都平 健二	ブルーバードSSS	R411	R	3位	リタイア
9月10日	全日本富士2時間レース（富士6km）								
	全日本S	II	15	鈴木 誠一	フェアレディ2000	SR311	U20	5位	リタイア
		II	16	黒沢 元治	フェアレディ2000	SR311	U20	3位	2位
	全日本T	II	47	都平 健二	ブルーバードSSS	R411	R	6位	3位
		II	48	長谷見昌弘	ブルーバードSSS	R411	R	3位	6位
11月3日	全日本スポーツカーレース（富士4.3km）								
	全日本S	II	81	長谷見昌弘	フェアレディ2000	SR311	U20	9位	リタイア
		II	82	都平 健二	フェアレディ2000	SR311	U20	6位	リタイア
		II	83	黒沢 元治	フェアレディ2000	SR311	U20	4位	8位（クラス7位）
		II	84	鈴木 誠一	フェアレディ2000	SR311	U20	1位	3位
11月12日	全日本鈴鹿2時間レース（鈴鹿6km）								
	全日本S	II	19	長谷見昌弘	フェアレディ2000	SR311	U20	5位	2位
		II	20	鈴木 誠一	フェアレディ2000	SR311	U20	2位	リタイア
		II	31	黒沢 元治	フェアレディ2000	SR311	U20	3位	2位
	全日本T	II	19	都平 健二	ブルーバードSSS	R411	R	2位	優勝
12月3日	富士12時間レース（富士6km）								
	12時間	SII	2	長谷見昌弘/都平健二	フェアレディ2000	SR311	U20	―	リタイア
【1968】									
4月7日	第9回全日本クラブマンレース（富士6km）								
	GT	II	15	田村 三夫	フェアレディ2000	SR311	U20	2位	2位
		II	16	都平 健二	フェアレディ2000	SR311	U20	1位	優勝
		II	19	辻本征一郎	フェアレディ2000	SR311	U20	3位	3位
	T		14	田村 三夫	スカイラインGT	S54B	G7	7位	リタイア
			15	都平 健二	スカイラインGT	S54B	G7	2位	3位
5月3日	日本グランプリレース（富士6km）								
	GT	II	34	田村 三夫	フェアレディ2000	SR311	U20	1位	2位
		II	36	辻本征一郎	フェアレディ2000	SR311	U20	4位	3位
		II	37	都平 健二	フェアレディ2000	SR311	U20	3位	優勝
	T	IV	61	田村 三夫	スカイライン2000GT	S54B	G7	6位	3位（クラス優勝）
		IV	62	都平 健二	スカイライン2000GT	S54B	G7	3位	リタイア

開催日	レース	クラス	No.	ドライバー	車名	型式	エンジン	予選	決勝順位
8月4日	全日本ストックカー富士300km（富士4.3km）								
		B	84	鈴木 誠一	セドリック	G31	H	12位	17位（クラス13位）
8月25日	全日本鈴鹿自動車レース（鈴鹿6km）								
	全日本II	S	18	都平 健二	フェアレディ2000	SR311	U20	6位	優勝
		S	19	田村 三夫	フェアレディ2000	SR311	U20	8位	5位
9月8日	第4回ダイヤモンドトロフィーレース（富士6km）								
	S	SII	83	須田 祐弘	フェアレディ2000	SR311	U20	2位	4位（クラス3位）
		SII	84	鈴木 誠一	フェアレディ2000	SR311	U20	3位	リタイア
9月23日	鈴鹿1000kmレース（鈴鹿6km）								
	1000km	GTII	21	鈴木誠一／都平健二	フェアレディ2000	SR311	U20	9位	25位（クラス3位）
10月20日	第10回全日本クラブマンレース（富士6km）								
	NET-SC	II	17	鈴木 誠一	フェアレディ2000	SR311	U20	15位	12位（クラス6位）
		II	18	田村 三夫	フェアレディ2000	SR311	U20	16位	リタイア
	全日本S	II	7	都平 健二	フェアレディ2000	SR311	U20	2位	優勝
	全日本T	II	33	須田 祐弘	スカイラインGT	S54B	G7	3位	リタイア
		II	34	田村 三夫	スカイラインGT	S54B	G7	1位	リタイア
	12時間	TII	14	都平健二／須田祐弘	ブルーバードSSS	P510	L16	－－	リタイア

【1969】

開催日	レース	クラス	No.	ドライバー	車名	型式	エンジン	予選	決勝順位
3月9日	全日本鈴鹿自動車レース（鈴鹿6km）								
	全日本II	S	18	田村 三夫	フェアレディ2000	SR311	U20	10位	リタイア
		S	19	辻本征一郎	フェアレディ2000	SR311	U20	14位	リタイア
6月1日	鈴鹿1000kmレース（鈴鹿6km）								
	1000km	GTII	21	鈴木誠一／寺西孝利	フェアレディ2000	SR311	U20	13位	6位（クラス2位）
		GTII	22	辻本征一郎／歳森康師	フェアレディ2000	SR311	U20	11位	リタイア
		GTII	23	須田祐弘／田村三夫	フェアレディ2000	SR311	U20	12位	リタイア
8月10日	NETスピードカップ（富士6km）								
	スピードC	SIII	22	鈴木 誠一	フェアレディ2000	SR311	U20	10位	9位（クラス6位）
		SIII	23	田村 三夫	フェアレディ2000	SR311	U20	15位	17位（クラス7位）
8月31日	富士300kmゴールデンレース第3戦（富士6km）								
	300km	III	81	寺西 孝利	フェアレディ2000	SR311	U20	10位	7位（クラス5位）
		III	82	辻本征一郎	フェアレディ2000	SR311	U20	5位	6位（クラス4位）
		III	83	歳森 康師	フェアレディ2000	SR311	U20	3位	リタイア
10月10日	日本グランプリ（富士6km）								
	T	IV	38	歳森 康師	スカイラインGTR	PGC10	S20	4位	2位
		IV	39	寺西 孝利	スカイラインGTR	PGC10	S20	1位	優勝
		IV	40	鈴木 誠一	スカイラインGTR	PGC10	S20	2位	3位
		IV	41	田村 三夫	スカイラインGTR	PGC10	S20	3位	6位
		IV	43	辻本征一郎	スカイラインGTR	PGC10	S20	6位	リタイア
		IV	47	須田 祐弘	スカイラインGTR	PGC10	S20	5位	20位（クラス9位）
11月3日	富士スピードフェスティバル（富士6km）								
	セダン	III	95	本橋 明泰	スカイラインGTR	PGC10	S20	4位	9位（クラス5位）
		III	97	星野 一義	スカイラインGTR	PGC10	S20	5位	4位

【1970】

開催日	レース	クラス	No.	ドライバー	車名	型式	エンジン	予選	決勝順位
2月22日	東京クラブ連合シリーズ1（鈴鹿3.6km）								
	TII		7	本橋 明泰	スカイラインGTR	PGC10	S20	1位	優勝
			8	星野 一義	スカイラインGTR	PGC10	S20	2位	2位
3月15日	富士フレッシュマンレース第2戦（富士4.3km）								
	MAXI	TS	34	本橋 明泰	スカイラインGTR	PGC10	S20	5位	リタイア
		TS	35	星野 一義	スカイラインGTR	PGC10	S20	3位	リタイア
4月5日	鈴鹿500kmレース（鈴鹿6km）								
	500km	TII	48	本橋 明泰	スカイラインGTR	PGC10	S20	16位	9位（クラス3位）
		TII	49	星野 一義	スカイラインGTR	PGC10	S20	7位	18位（クラス7位）
4月12日	レース・ド・ニッポン（富士6km）								
	6時間	TSIII	95	須田祐弘／田村三夫	スカイライン2000GTR	PGC10	S20	5位	5位（クラス4位）
5月24日	鈴鹿1000kmレース（鈴鹿6km）								
	1000km	TII	18	寺西孝利／歳森康師	フェアレディZ432	PS30	S20	4位	リタイア
		TII	43	本橋明泰／星野一義	ブルーバードSSS		L16	10位	17位（クラス6位）
6月7日	富士300マイル（富士6km）								
	300マイル		8	星野 一義	フェアレディZ432	PS30	S20	6位	7位（クラス3位）
6月28日	第12回全日本クラブマンレース（筑波2.045km）								
	II	TSIV	43	本橋 明泰	スカイラインGTR	PGC10	S20	4位	18位（クラス8位）
		TSIV	45	星野 一義	スカイラインGTR	PGC10	S20	3位	優勝

開催日	レース	クラス	No.	ドライバー	車名	型式	エンジン	予選	決勝順位
7月5日	北海道オープニングレース（白老2.55km）								
	SM	GTS	3	歳森 康師	フェアレディZ432-R	PS30	S20	3位	3位（クラス優勝）
	TS	10	須田 祐弘	スカイライン2000GTR	PGC10	S20	4位	4位（クラス優勝）
	TS	11	辻本征一郎	スカイライン2000GTR	PGC10	S20	5位	5位（クラス2位）
	TS	12	本橋 明泰	ブルーバード1600SSS		L16	10位	6位（クラス3位）
	TS	14	星野 一義	サニークーペ	KB10	A10	6位	8位（クラス4位）
7月26日	富士1000km（富士4.3km）								
	1000km	GTSⅡ	30	歳森康師／星野一義	フェアレディZ432	PS30	S20	2位	3位（クラス2位）
	TSⅡ	75	田村三夫／本橋明泰	ブルーバードSSS	P510	L16	17位	6位（クラス優勝）
	TSⅡ	76	鈴木誠一／須田祐弘	ブルーバードSSS	P510	L16	35位	リタイア
8月23日	鈴鹿12時間レース（鈴鹿6km）								
		TⅡ	27	本橋明泰／星野一義	ブルーバードSSS		L16	13位	リタイア
10月10日	日本オールスター（富士6km）								
	ゴールドC	Ⅲ	33	須田 祐弘	フェアレディZ432	PS30	S20	9位	撤退
		Ⅲ	34	田村 三夫	フェアレディZ432	PS30	S20	23位	撤退
	シルバーA	Ⅰ	3	歳森 康師	サニークーペ	KB10	A10	14位	撤退
		Ⅰ	5	星野 一義	サニー1000	B10	A10	13位	撤退
	シルバーB	Ⅰ	3	寺西 孝利	ブルーバードSSS	P510	L16	9位	撤退
		Ⅰ	5	辻本征一郎	ブルーバードSSS	P510	L16	8位	撤退
		Ⅱ	20	鈴木 誠一	スカイライン2000GTR	PGC10	S20	4位	撤退
		Ⅱ	21	本橋 明泰	スカイライン2000GTR	PGC10	S20	16位	撤退
11月22-23日	ストックカー富士200（富士4.3km）								
	TS/GTS/R		20	歳森 康師	スカイラインGTR	PGC10	S20	7位	リタイア
			21	星野 一義	スカイラインGTR	PGC10	S20	6位	3位
			33	本橋 明泰	フェアレディZ432	PS30	S20	4位	リタイア
			34	辻本征一郎	フェアレディZ432	PS30	S20	5位	2位
【1971】									
4月4日	全日本鈴鹿500km（鈴鹿6km）								
	500km	TⅠ	56	歳森 康師	サニー1200クーペ	KB110	A12	20位	リタイア
			57	星野 一義	サニー1200クーペ	KB110	A12	16位	10位（クラス3位）
4月11日	レース・ド・ニッポン（富士6km）								
	6時間	TSⅢ	5	歳森康師／星野一義	スカイラインHT-GTR	KPGC10	S20	3位	3位（クラス優勝）
4月25日	富士300キロスピードレース（富士6km）								
	TC-A	Ⅱ	5	鈴木 誠一	サニー1200クーペ	KB110	A12	1位	優勝
		Ⅱ	6	寺西 孝利	サニー1200クーペ	KB110	A12	2位	リタイア
5月30日	間瀬200kmレース（間瀬2km）								
	TransNICS		32	歳森 康師	サニークーペ	KB110	G15	17位	2位
6月6日	富士グラン300マイルレース（富士6km）								
	TC-B	Ⅱ	10	寺西 孝利	ブルーバード1800SSSクーペ	KH510	L18	12位	4位
	TC-A	Ⅱ	5	鈴木 誠一	サニー1200クーペ	KB110	A12	5位	5位
		Ⅱ	6	辻本征一郎	サニー1200クーペ	KB110	A12	8位	10位（クラス9位）
7月25日	全日本富士1000kmレース（富士4.3km）								
		TⅢ	52	寺西孝利／辻本征一郎	ブルーバード1800SSSクーペ	KH510	L18	26位	リタイア
		TⅠ	98	歳森康師／星野一義	サニー1200クーペ	KB110	A12	37位	リタイア
8月15日	富士500キロスピードレース（富士6km）								
	TC-A	Ⅱ	10	黒沢 元治	サニー1200クーペ	KB110	A12	1位	優勝
		Ⅱ	11	鈴木 誠一	サニー1200クーペ	KB110	A12	4位	5位
		Ⅱ	12	星野 一義	サニー1200クーペ	KB110	A12	2位	8位
8月15日	筑波100kmレース（筑波1.43km）								
	TransNICS		32	寺西 孝利	サニークーペ	KB110	G15	4位	優勝
8月22日	鈴鹿グレート20ドライバーズレース（鈴鹿6km）								
	ゴールデンZ	GTS	26	鈴木 誠一	ダットサンスポーツ240Z	HS30	L24	5位	6位（クラス優勝）
9月5日	富士インター200マイルレース（富士6km）								
	TC-A	Ⅱ	11	鈴木 誠一	サニー1200クーペ	KB110	A12	2位	優勝
		Ⅱ	12	星野 一義	サニー1200クーペ	KB110	A12	1位	2位
9月19日	全日本鈴鹿自動車レース（鈴鹿6km）								
	全日本Ⅰ	T	45	黒沢 元治	サニー1200クーペ	KB110	A12	1位	優勝
		T	46	寺西 孝利	サニー1200クーペ	KB110	A12	15位	15位（クラス9位）
			47		サニー1200クーペ	KB110	A12		2位
10月10日	富士マスターズ250キロレース（富士6km）								
	TC-A	Ⅱ	8	鈴木 誠一	サニー1200クーペ	KB110	A12	3位	3位
		Ⅱ	9	辻本征一郎	サニー1200クーペ	KB110	A12	2位	6位
11月7日	鈴鹿ゴールデントロフィーレース（鈴鹿6km）								
		Ⅰ	45	黒沢 元治	サニー1200クーペ	KB110	A12	3位	2位（クラス優勝）
		Ⅰ	46	寺西 孝利	サニー1200クーペ	KB110	A12	4位	リタイア
		Ⅰ	47	歳森 康師	サニー1200クーペ	KB110	A12	2位	リタイア

開催日	レース	クラス	No.	ドライバー	車名	型式	エンジン	予選	決勝順位
11月23日	ストッカー富士200マイル（富士4.3km）								
	TransNICS		32	歳森 康師	サニークーペ	KB110	G15	6位	DNS
11月28日	筑波100kmレース（筑波1.43km）								
	TransNICS		32	寺西孝利	グラスファイバー工芸社SPL	KB110		5位	4位
12月12日	第6回富士ツーリストトロフィー（富士6km）								
	TT	I	38	寺西孝利／鈴木誠一	サニー1200クーペ	KB110	A12	--	10位（クラス2位）
		I	39	星野一義／辻本征一郎	サニー1200クーペ	KB110	A12	--	38位（クラス19位）
【1972】									
1月16日	全日本鈴鹿新春300kmレース（鈴鹿6km）								
	全日本I	T	60	寺西 孝利	サニー1200クーペ	KB110	A12	6位	リタイア
3月20日	富士300キロスピードレース								
	GC	II	23	星野 一義	フェアレディ240ZG	HS30	L24	9位	4位（クラス2位）
4月2日	全日本鈴鹿500kmレース（鈴鹿6km）								
	500km	T I	73	寺西 孝利	サニー1200クーペ	KB110	A12	20位	25位（クラス5位）
		T I	74	歳森 康師	サニー1200クーペ	KB110	A12	15位	23位（クラス4位）
4月9日	レース・ド・ニッポン（富士4.3km）								
	6時間	TS I	1	歳森康師／星野一義	チェリークーペ	KPE10	A12	8位	2位（クラス優勝）
		TS II	32	鈴木誠一／辻本征一郎	スカイラインHT-GTR	KPGC10	S20	9位	23位（クラス9位）
5月3日	日本グランプリレース（富士4.3km）								
	T-a	I	14	都平 健二	チェリークーペX1	KPE10	A12	12位	12位（クラス6位）
		I	15	歳森 康師	チェリークーペX1	KPE10	A12	13位	9位（クラス3位）
		I	16	星野 一義	チェリークーペX1	KPE10	A12	14位	10位（クラス4位）
5月14日	全日本鈴鹿1000kmレース（鈴鹿6km）								
	1000km	T I	73	歳森康師／星野一義	サニー1200クーペ	KB110	A12	12位	31位（クラス11位）
		T I	74	鈴木誠一／寺西孝利	サニー1200クーペ	KB110	A12	17位	6位（クラス2位）
6月4日	富士グラン300マイルレース（富士6km）								
	GC		23	歳森 康師	フェアレディ240ZG	HS30	L24	16位	5位（クラス3位）
	マイナーT		1	鈴木 誠一	サニー1200	KB110	A12	3位	3位
			2	寺西 孝利	サニー1200	KB110	A12	2位	8位
8月20日	全日本鈴鹿300kmツーリングカーレース（鈴鹿6km）								
	T I		5	鈴木 誠一	サニー1200	KB110	A12	3位	リタイア
			6	歳森 康師	サニー1200	KB110	A12	1位	リタイア
8月27日	日本海ミッドサマー（間瀬2km）								
	ミッドサマー		23	辻本征一郎	フェアレディ240ZG	HS30	L24	1位	優勝
9月3日	富士インター200マイル（富士6km）								
	GC		23	星野 一義	フェアレディ240ZG	HS30	L24	18位	リタイア
	マイナーT		5	寺西 孝利	サニー1200	KB110	A12	1位	3位
9月17日	全日本鈴鹿自動車レース（鈴鹿2.3km）								
	全日本	T I	3	歳森 康師	サニークーペ	KB110	A12	2位	6位（クラス優勝）
		T I	5	辻本征一郎	サニークーペ	KB110	A12	9位	リタイア
10月10日	富士マスターズ250キロレース（富士6km）								
	GC		23	星野 一義	フェアレディ240ZG	HS30	L24	16位	11位（クラス9位）
10月22日	全日本富士1000kmレース（富士4.3km）								
	1000km	TS I	79	都平健二／歳森康師	ニッサンチェリー	KPE10	A12	31位	20位（クラス8位）
		TS I	80	鈴木誠一／辻本征一郎	サニー1200クーペ	KB110	A12	23位	4位（クラス優勝）
		TS I	81	寺西孝利／星野一義	サニー1200クーペ	KB110	A12	22位	5位（クラス2位）
11月3日	第7回富士ツーリストトロフィーレース（富士6km）								
	TT		37	辻本征一郎／星野一義	サニー1200クーペ	KB110	A12	17位	22位（クラス9位）
			38	鈴木誠一／寺西孝利	サニー1200クーペ	KB110	A12	15位	9位（クラス3位）
11月23日	富士ビクトリー200キロレース（富士6km）								
	マイナーT		2	星野 一義	ニッサンチェリー	KPE10	A12	2位	2位
12月3日	全日本オートスポーツトロフィー第2戦（富士4.3km）								
		T	10	星野 一義	ニッサンチェリーX1クーペ	KPE10	A12	9位	リタイア
【1973】									
1月14日	全日本鈴鹿新春300kmレース（鈴鹿6km）								
	全日本I	T	5	寺西 孝利	サニークーペ	KB110	A12	5位	失格
		T	6	歳森 康師	サニークーペ	KB110	A12	2位	リタイア
		T	7	星野 一義	チェリークーペ	KPE10	A12	3位	リタイア
3月4日	全日本鈴鹿パールトロフィーレース（鈴鹿6km）								
	全日本	T I	6	星野 一義	チェリークーペ	KPE10	A12	5位	リタイア
		T I	7	辻本征一郎	サニー1200クーペ	KB110	A12	4位	14位
3月18日	富士300キロスピードレース（富士6km）								
	GC		23	星野 一義	フェアレディ240ZG	HS30	L24	16位	5位
	マイナーT		2	辻本征一郎	サニー1200クーペ	KB110	A12	6位	14位
			3	歳森 康師	ニッサンチェリークーペ	KPE10	A12	1位	3位

開催日	レース	クラス	No.	ドライバー	車名	型式	エンジン	予選	決勝順位
4月8日	レース・ド・ニッポン（富士4.3km）								
		R	62	鈴木誠一／寺西孝利	ダットサン240ZR	HS30		6位	3位
		R	63	歳森康師／星野一義	ダットサン240ZR	HS30		4位	2位
5月3日	日本グランプリレース（富士4.3km）								
	TS-a	I	18	長谷見昌弘	ニッサンチェリークーペ	KPE10	A12	13位	12位（クラス3位）
		I	19	歳森 康師	ニッサンチェリークーペ	KPE10	A12	15位	リタイア
		I	20	星野 一義	ニッサンチェリークーペ	KPE10	A12	16位	23位（クラス14位）
5月20日	全日本鈴鹿1000kmレース（鈴鹿6km）								
	1000km	GT II	23	鈴木誠一／西野弘美	フェアレディ240Z	HS30	L24	11位	20位（クラス4位）
		T I	55	長谷見昌弘／星野一義	チェリーKPE10	KPE10	A12	19位	リタイア
6月3日	富士グラン300キロレース（富士4.3km）								
	GC		23	辻本征一郎	フェアレディ240ZG	HS30	L24	29位	19位
	マイナーT		2	星野 一義	ニッサンチェリー	KPE10	A12	5位	5位
			3	寺西 孝利	サニー1200クーペ	KB110	A12	3位	18位
7月1日	日本オールスターレース（富士4.3km）								
	T-A		11	歳森 康師	チェリークーペ1200X1-R	KPE10	A12	8位	2位
			12	星野 一義	チェリークーペ1200X1-R	KPE10	A12	4位	優勝
7月29日	全日本富士1000kmレース（富士6km）								
	1000km	R	10	鈴木誠一／歳森康師	ダットサンフェアレディ240Z	HS30	L24	19位	リタイア
9月2日	富士インター200マイルレース（富士6km）								
	GC		23	寺西 孝利	フェアレディ240ZG	HS30	L24	25位	18位
	マイナーT		2	星野 一義	チェリークーペ1200	KPE10	A12	2位	リタイア
			3	歳森 康師	チェリークーペ1200	KPE10	A12	1位	16位
10月10日	富士マスターズ250キロレース（富士6km）								
	GC		23	歳森 康師	フェアレディ240ZG	HS30	L24	32位	16位
	マイナーT		2	星野 一義	チェリークーペ1200X1-R	KPE10	A12	1位	優勝
			3	辻本征一郎	チェリークーペ1200X1-R	KPE10	A12	5位	3位
11月11日	全日本鈴鹿自動車レース（鈴鹿6km）								
	T	I	1	歳森 康師	チェリークーペ	KPE10	A12	5位	4位（クラス3位）
		I	2	星野 一義	チェリークーペ	KPE10	A12	10位	2位（クラス優勝）
		I	3	鈴木 誠一	チェリークーペ	KPE10	A12	9位	リタイア
		I	5	辻本征一郎	チェリークーペ	KPE10	A12	12位	20位（クラス18位）
11月23日	富士ビクトリー200キロレース（富士6km）								
	GC		23	高橋 健二	フェアレディ240ZG	HS30	L24	28位	リタイア
	マイナーT		2	星野 一義	チェリークーペ1200X1-R	KPE10	A12	9位	4位
			3	辻本征一郎	チェリークーペ1200X1-R	KPE10	A12	8位	7位
			38	寺西 孝利	チェリークーペ1200X1-R	KPE10	A12	4位	5位
			39	歳森 康師	チェリークーペ1200X1-R	KPE10	A12	15位	リタイア
【1982】									
3月28日	富士300キロスピードレース（富士4.359km）								
	Sシルエット		23	星野 一義	ホシノインパルニッサンシルビア	S110	LZ20B	7位	優勝
5月3日	富士グラン250キロレース（富士4.359km）								
	Sシルエット		20	柳田 春人	Zスポーツブルーバードターボ	Y910	LZ20B	9位	3位
			23	星野 一義	ホシノインパルニッサンシルビア	S110	LZ20B	2位	2位
5月30日	RRC筑波チャンピオンズ第2戦（筑波2km）								
	Sシルエット		11	長谷見昌弘	トミカスカイラインターボ	DR30	LZ20B	2位	リタイア
			20	柳田 春人	Zスポーツブルーバードターボ	Y910	LZ20B	3位	2位
			23	萩原 光	ホシノインパルニチラシルビア	S110	LZ20B	4位	6位
8月8日	RRC富士チャンピオンズ（富士4.359km）								
	Sシルエット		11	長谷見昌弘	トミカスカイラインターボ	DR30	LZ20B	3位	優勝
			20	柳田 春人	コカコーラブルーバードターボ	Y910	LZ20B	4位	2位
			23	星野 一義	ニチラインパルニッサンシルビア	S110	LZ20B	2位	9位
9月12日	富士インター200マイルレース（富士4.359km）								
	Sシルエット		11	長谷見昌弘	トミカスカイラインターボ	DR30	LZ20B	2位	－－
			20	柳田 春人	コカコーラブルーバードターボ	Y910	LZ20B	3位	－－
			23	星野 一義	ニチラインパルシルビア	S110	LZ20B	5位	－－
10月24日	富士マスターズ250キロレース（富士4.359km）								
	Sシルエット		11	長谷見昌弘	トミカスカイラインターボ	DR30	LZ20B	2位	優勝
			20	柳田 春人	コカコーラブルーバードターボ	Y910	LZ20B	3位	3位
			23	星野 一義	ニチラインパルシルビア	S110	LZ20B	11位	リタイア
12月5日	RRC筑波チャンピオンズ（筑波2km）								
	Sシルエット		11	長谷見昌弘	トミカスカイラインターボ	DR30	LZ20B	位	リタイア
			20	柳田 春人	コカコーラブルーバードターボ	Y910	LZ20B	位	2位
			23	星野 一義	ニチラインパルニッサンシルビア	S110	LZ20B	位	リタイア

開催日	レース	クラス	No.	ドライバー	車名	型式	エンジン	予選	決勝順位
【1983】									
3月27日	富士300キロスピードレース（富士4.359km）								
	Sシルエット		11	長谷見昌弘	トミカスカイラインターボ	DR30	LZ20B	2位	2位
			20	柳田 春人	オートバックスブルーバードターボ	Y910	LZ20B	3位	優勝
			23	星野 一義	ニチラインパルシルビアターボ	S110	LZ20B	1位	3位
5月3日	富士グラン250キロレース（富士4.359km）								
	Sシルエット		11	長谷見昌弘	トミカスカイラインターボ	DR30	LZ20B	1位	リタイア
			20	柳田 春人	オートバックスブルーバードターボ	Y910	LZ20B	3位	2位
			23	星野 一義	ニチラインパルシルビアターボ	S110	LZ20B	2位	優勝
5月29日	RRC筑波チャンピオンズ（筑波2km）								
	Sシルエット		11	長谷見昌弘	トミカスカイラインターボ	DR30	LZ20B	2位	優勝
			20	柳田 春人	オートバックスブルーバードターボ	Y910	LZ20B	3位	7位
6月5日	富士500km（富士4.359km）								
	LD	D	11	長谷見昌弘／都平健二	トミカスカイラインターボ	R30/R&D	LZ20B	－－	リタイア
6月19日	レース・ド・ニッポン（筑波2km）								
	Sシルエット		11	長谷見昌弘	トミカスカイラインターボ	DR30	LZ20B	位	優勝
			20	柳田 春人	オートバックスブルーバードターボ	Y910	LZ20B	位	2位
			23	萩原　光	ニチラインパルシルビアターボ	S110	LZ20B	位	3位
7月24日	全日本富士1000kmレース（富士4.359km）								
	LD	D	11	長谷見昌弘／都平健二	トミカスカイラインターボ	R30/R&D	LZ20B	－－	リタイア
		D	20	柳田春人／冨岡弘司／鈴木亜久里	コカコーラフェアレディ	LM03C	LZ20B	－－	リタイア
		D	23	星野一義／萩原光	ニッサンシルビアターボ	マーチ83G	LZ20B	－－	リタイア
8月14日	RRC富士F2チャンピオンズレース（富士4.359km）								
	Sシルエット		11	長谷見昌弘	トミカスカイラインターボ	DR30	LZ20B	1位	優勝
			20	柳田 春人	オートバックスブルーバードターボ	Y910	LZ20B	10位	2位
			23	星野 一義	ニチラインパルシルビアターボ	S110	LZ20B	8位	リタイア
8月28日	鈴鹿1000km（鈴鹿6km）								
	JEC	C	11	長谷見昌弘／都平健二	スカイラインターボCトミカ	R30/R&D	LZ20B	6位	リタイア
		C	23	星野一義／萩原光	ニッサンシルビアターボC	マーチ83G	L20B	1位	リタイア
9月4日	富士インター200マイルレース（富士4.359km）								
	Sシルエット		11	長谷見昌弘	トミカスカイラインターボ	DR30	LZ20B	1位	リタイア
			20	柳田 春人	オートバックスブルーバードターボ	Y910	LZ20B	7位	優勝
			23	星野 一義	ニチラインパルシルビアターボ	S110	LZ20B	3位	2位
9月18日	菅生チャレンヂカップレース第4戦（菅生2.7km）								
	Sシルエット		11	長谷見昌弘	トミカスカイラインターボ	DR30	LZ20B	1位	優勝
			20	柳田 春人	オートバックスブルーバードターボ	Y910	LZ20B	4位	5位
			23	星野 一義	ニチラインパルシルビアターボ	S110	LZ20B	2位	リタイア
10月2日	WECinJapan（富士4.359km）								
	JEC	C	10	長谷見昌弘／都平健二	ニッサンスカイラインターボ	R30/R&D	LZ20B	16位	リタイア
		C	20	柳田春人／和田孝夫	ニッサンフェアレディターボ	LM03C	LZ20B	11位	失格
		C	23	星野一義／萩原光	ニッサンシルビアターボ	マーチ83G	LZ20B	7位	7位
10月16日	スーパーカップレース（西日本2.83km）								
	Sシルエット		11	長谷見昌弘	トミカスカイラインターボ	DR30	LZ20B	3位	9位
			20	柳田 春人	オートバックスブルーバードターボ	Y910	LZ20B	5位	8位
			23	星野 一義	ニチラインパルシルビアターボ	S110	LZ20B	2位	優勝
10月23日	富士マスターズ250キロレース（富士4.359km）								
	Sシルエット		11	長谷見昌弘	トミカスカイラインターボ	DR30	LZ20B	1位	リタイア
			20	柳田 春人	オートバックスブルーバードターボ	Y910	LZ20B	2位	優勝
			23	星野 一義	ニチラインパルシルビアターボ	S110	LZ20B	3位	リタイア
11月6日	JAF鈴鹿グランプリ（鈴鹿6km）								
	Sスポーツ		11	長谷見昌弘	トミカスカイラインターボ	DR30	LZ20B		優勝
11月27日	富士500マイル（富士4.359km）								
	JEC	D	11	長谷見昌弘／都平健二	ニッサンスカイラインターボC	R30/R&D	LZ20B	－－	リタイア
		D	20	柳田春人／和田孝夫	フェアレディZターボC	LM03C	LZ20B	－－	10位（クラス8位）
12月4日	RRC筑波チャンピオンズ（筑波2km）								
	Sシルエット		11	長谷見昌弘	トミカスカイラインターボ	DR30	LZ20B		3位
			20	柳田 春人	オートバックスブルーバードターボ	Y910	LZ20B		優勝
			23	星野 一義	ニチラインパルシルビアターボ	S110	LZ20B		7位
【1984】									
4月1日	鈴鹿500km（鈴鹿5.943km）								
	JEC	B	23	星野一義／萩原光	ニッサンシルビアターボC	マーチ83G	LZ20B	2位	13位（クラス4位）
6月3日	富士500km（富士4.410km）								
	LD	D	23	星野一義／萩原光	ニッサンシルビアターボ	マーチ83G	LZ20B	－	リタイア
7月29日	富士1000kmレース（富士4.410km）								
	LD	D	23	星野一義／萩原光	ニッサンシルビアターボC	マーチ83G	LZ20B	－	リタイア

開催日	レース	クラス	No.	ドライバー	車名	型式	エンジン	予選	決勝順位
8月26日	鈴鹿1000kmレース（鈴鹿5.943km）								
	JEC	B	23	星野一義／萩原光	ニッサンシルビアターボC	マーチ83G	LZ20B	5位	12位（クラス8位）
9月16日	菅生チャレンヂカップレース（菅生2.7km）								
			11	長谷見昌弘	トミカスカイラインターボ	DR30	LZ20B		優勝
			20	柳田春人	コカコーラキャノンブルーバードターボ	Y910	LZ20B		3位
			23	星野一義	ニチラインパルシルビアターボ	S110	LZ20B		リタイア
9月23日	鈴鹿グレート20レーサーズレース（鈴鹿5.943km）								
	F3		23	鈴木亜久里	マーチ793	マーチ793	FJ20	19位	5位
9月30日	WECinJapan（富士4.410km）								
	JEC	C1	30	星野一義／萩原光	ニッサンシルビアターボC	マーチ83G	LZ20B	9位	リタイア
10月14日	筑波チャレンヂカップレース（筑波2km）								
	F3		23	鈴木亜久里	マーチ793	マーチ793	FJ20	4位	優勝
10月14日	スーパーカップレース（西日本2.8km）								
	Sシルエット		11	長谷見昌弘	トミカスカイラインターボ	DR30	LZ20B	2位	優勝
			20	柳田春人	オートバックスブルーバードターボ	Y910	LZ20B	4位	3位
			23	星野一義	ニチラインパルシルビアターボ	S110	LZ20B	3位	6位
11月3日	JAF鈴鹿グランプリ（鈴鹿5.943km）								
	F3		23	鈴木亜久里	マーチ793	マーチ793	FJ20	6位	リタイア
11月25日	富士500マイルレース（富士4.410km）								
	LD		23	星野一義／萩原光	ニッサンシルビアターボC	マーチ83G	LZ20B	--	14位（クラス7位）
12月9日	筑波チャレンヂカップレース（筑波2km）								
	Sシルエット		11	長谷見昌弘	トミカスカイラインターボ	DR30	LZ20B		2位
			20	柳田春人	オートバックスブルーバードターボ	Y910	LZ20B		10位
			23	星野一義	ニチラインパルシルビアターボ	S110	LZ20B		3位
【1985】									
3月10日	全日本BIG 2 & 4レース（鈴鹿5.913km）								
	F3		11	片山右京	オートルックニッサンスピードスター321	ハヤシ321	FJ20	10位	6位
			23	鈴木亜久里	マーチ793	マーチ793	FJ20	2位	優勝
4月7日	鈴鹿500km（鈴鹿5.913km）								
	JEC	D	23	星野一義／萩原光	シルビアターボCニチラ	マーチ83G	FJ20T	5位	2位
4月21日	富士インターナショナルフォーミュラ（富士4.410km）								
	F3		11	片山右京	オートルックニッサンスピードスター322	ハヤシ322	FJ20	4位	4位
			23	鈴木亜久里	マーチ793	マーチ793	FJ20	3位	3位
5月5日	富士1000km（富士4.410km）								
	JEC	1	28	星野一義／萩原光	ニッサンシルビアターボCニチラ	マーチ83G	FJ20T	6位	リタイア
5月26日	JPSトロフィー（鈴鹿5.913km）								
			11	片山右京	オートルックニッサンスピードスター322	ハヤシ322	FJ20	6位	11位
			23	鈴木亜久里	マーチ793	マーチ793	FJ20	2位	4位
6月16日	レース・ド・ニッポン（筑波2km）								
			11	片山右京	オートルックニッサンスピード	ハヤシ322	FJ20	5位	5位
			23	鈴木亜久里	ニスモラルトRT30ニッサン	ラルトRT30	FJ20	2位	2位
7月28日	富士500マイル（富士4.410km）								
	JEC	1	11	長谷見昌弘／和田孝夫	スカイラインターボCトミカ	マーチ85G	VG30T	7位	13位（クラス9位）
		1	20	柳田春人／鈴木亜久里	日産フェアレディZCキャノン	ローラT810	VG30T	5位	リタイア
		1	28	星野一義／萩原光／松本恵二	ニッサンシルビアターボCニチラ	マーチ85G	VG30T	3位	リタイア
8月25日	鈴鹿1000km（鈴鹿5.913km）								
	JEC	D	11	長谷見昌弘／和田孝夫	スカイライン・ターボCトミカ	マーチ85G	VG30T	3位	7位
		D	20	柳田春人／鈴木亜久里	フェアレディZCキャノン	ローラT810	VG30T	9位	リタイア
		D	28	星野一義／萩原光／松本恵二	ニッサンターボCニチラ	マーチ85G	VG30T	1位	リタイア
9月1日	レースオブフォーミュラジャパン（西日本2.8km）								
	F3		11	片山右京	オートルックニッサンスピードスター322	ハヤシ322	FJ20	2位	4位
			23	鈴木亜久里	ニスモラルトRT30ニッサン	ラルトRT30	FJ20	1位	優勝
9月29日	鈴鹿グレート 2 & 4レース（鈴鹿5.913km）								
	F3		11	片山右京	オートルックニッサンスピードスター322	ハヤシ322	FJ20	7位	13位
			23	鈴木亜久里	ニスモラルトRT30ニッサン	ラルトRT30	FJ20	6位	20位
10月6日	WECinJapan（富士4.410km）								
	JEC	C1	28	星野一義／萩原光／松本恵二	ニッサンシルビアターボCニチラ	マーチ85G	VG30T	3位	優勝
		C1	30	柳田春人／鈴木亜久里	日産フェアレディZC・キャノン	ローラT810	VG30T	15位	8位
		C1	50	長谷見昌弘／和田孝夫	スカイラインターボCトミカ	マーチ85G	VG30T	4位	5位
11月2日	JAF鈴鹿グランプリ（鈴鹿5.913km）								
	F3		11	片山右京	オートルックニッサンスピードスター322	ハヤシ322	FJ20	14位	7位
			23	鈴木亜久里	ニスモラルトRT30ニッサン	ラルトRT30	FJ20	11位	6位
11月24日	富士500km（富士4.410km）								
	JEC	1	11	長谷見昌弘／和田孝夫	スカイラインターボCトミカ	マーチ85G	VG30T	1位	リタイア
		1	28	星野一義／萩原光／松本恵二	シルビアターボCニチラ	マーチ85G	VG30T	2位	リタイア

開催日	レース	クラス	No.	ドライバー	車名	型式	エンジン	予選	決勝順位
11月24日	第32回マカオ・グランプリ（ギア6km）								
	GP		32	鈴木亜久里	Ralt-NissanRT30	ラルトRT30	FJ20	28位	リタイア
【1986】									
3月9日	全日本BIG 2 & 4レース（鈴鹿5.913km）								
	F3		23	中川 隆正	ニスモラルトRT-30ニッサン	ラルトRT30	FJ20	11位	8位
4月6日	鈴鹿500km（鈴鹿5.913km）								
	JEC	C	11	長谷見昌弘／和田孝夫	NISSAN・R85VAMADA	マーチ85G	VG30T	2位	リタイア
		C	20	柳田春人／中川隆正	NISSAN・R810Vタカキュー	ローラT810	VG30T	28位	リタイア
		C	28	星野一義／萩原光	NISSAN・R86Vニチラ	マーチ86S	VG30T	25位	--
5月4日	富士1000km（富士4.441km）								
	JEC	1	8	松本恵二／鈴木亜久里	NISSANR86VPERSONS	マーチ86S	VG30T	13位	5位
		1	11	長谷見昌弘／和田孝夫	NISSANR85VAMADA	マーチ85G	VG30T	8位	3位
		1	20	柳田春人／中川隆正	NISSANR810Vタカキュー	ローラT810	VG30T	9位	6位
7月20日	富士500マイル（富士4.441km）								
	JEC	1	8	松本恵二／鈴木亜久里	NISSANR86VPERSONS	マーチ86S	VG30T	8位	12位（クラス8位）
		1	20	柳田春人／中川隆正	NISSANR810Vタカキュー	ローラT810	VG30T	15位	リタイア
		1	23	星野一義／中子修	NISSANR86VNICHIRA	マーチ86S	VG30T	1位	リタイア
		1	32	長谷見昌弘／和田孝夫	NISSANR86VAMADA	マーチ86S	VG30T	2位	リタイア
8月24日	鈴鹿1000km（鈴鹿5.913km）								
	JEC	C	8	松本恵二／鈴木亜久里／T.ニーデル	NISSANR86VPERSONS	マーチ86S	VG30T	2位	リタイア
		C	20	柳田春人／中川隆正	NISSANR810Vタカキュー	ローラT810	VG30T	11位	リタイア
		C	23	星野一義／中子修	NISSANR86VNICHIRA	マーチ86S	VG30T	1位	リタイア
		C	32	長谷見昌弘／和田孝夫	NISSANR86VAMADA	マーチ86S	VG30T	8位	15位（クラス8位）
8月31日	レース・ド・ニッポン（筑波2km）								
	F3		23	中川 隆正	ニスモラルトRT30ニッサン	ラルトRT30	FJ20	14位	14位
9月28日	鈴鹿グレート202&4レース（鈴鹿5.913km）								
	F3		23	中川 隆正	ニスモラルトRT-30ニッサン	ラルトRT30	FJ20	17位	16位
10月5日	WECinJapan（富士4.441km）								
	JEC	C1	15	松本恵二／鈴木亜久里	NISSANR86VPERSONS	マーチ86S	VG30T	9位	リタイア
		C1	23	星野一義／中子修	NISSANR86VNICHIRA	マーチ86S	VG30T	4位	10位
		C1	24	柳田春人／中川隆正	NISSANR810Vタカキュー	ローラT810	VG30T	23位	22位（クラス18位）
		C1	32	長谷見昌弘／和田孝夫	NISSANR86VAMADA	マーチ86S	VG30T	5位	11位
11月2日	JAF鈴鹿グランプリ（鈴鹿5.913km）								
	F3		23	中川 隆正	ニスモラルトRT-30ニッサン	ラルトRT30	FJ20	22位	17位
11月23日	富士500km（富士4.441km）								
	JEC	1	8	松本恵二／鈴木亜久里	ニッサンR86VPERSONS	マーチ86S	VG30T	4位	リタイア
		1	20	柳田春人／中川隆正	ニッサンR85Vタカキュー	マーチ85G	VG30T	15位	8位
		1	23	星野一義／中子修	ニッサンR86Vニチラ	マーチ86S	VG30T	2位	リタイア
		1	32	長谷見昌弘／和田孝夫	ニッサンR86Vアマダ	マーチ86S	VG30T	1位	リタイア

〈著者紹介〉

藤澤公男(ふじさわ・きみお)

1946年神奈川県生まれ。1967年日産自動車入社、モータースポーツ担当の大森分室に配属され、レース用パーツの開発やサービスを担当(この間74～76年は横浜日産小田原営業所に出向)。84年ニスモに出向、87年オーテックジャパン出向。87年末に退社し、有限会社アタックレーシングを設立・代表取締役社長。著書に『くるまのメンテナンス』(高橋書店)『工具・実践的活用法』『バルブタイミング』『新しいメンテ＆ファインチューニング』(グランプリ出版)などがある。
2003～13年オートメカニック誌に連載寄稿(ペンネーム・轟名人)

日産大森ワークスの時代
いちメカニックが見た20年

2016年9月10日初版発行

著　者	藤澤公男
発行者	小林謙一
発行所	株式会社グランプリ出版 〒101-0051　東京都千代田区神田神保町1-32 電話 03-3295-0005㈹　FAX 03-3291-4418 振替 00160-2-14691
印刷・製本	シナノ パブリッシング プレス

©2016 Printed in Japan　　　　　　　ISBN-978-4-87687-347-0　C2053